新 华 博 识 · 知 无 涯

两种思维

理性生活必需的哲学推理与科学实证

[美] 马西莫·匹格里奇 著

许楠 王冠乔 译

ANSWERS

FOR

ARISTOTLE

新华出版社

图书在版编目（CIP）数据

两种思维：理性生活必需的哲学推理与科学实证 / (美) 马西莫·匹格里奇著；
许楠, 王冠乔译. ——北京：新华出版社, 2017.1
书名原文: Answers for Aristotle: How Science and Philosophy can Lead Us to a More
Meaningful Life
ISBN 978-7-5166-3042-6

Ⅰ.①两…　Ⅱ.①马…　②许…　③王…　Ⅲ.①科学哲学 - 研究　Ⅳ.①N02

中国版本图书馆CIP数据核字（2016）第307228号

著作权合同登记号：01-2013-1157

两种思维：理性生活必需的哲学推理与科学实证

作　　者：[美]马西莫·匹格里奇　　　译　　者：许　楠　王冠乔

选题策划：黄绪国　　　　　　　　　责任印制：廖成华
责任编辑：段晓红　　　　　　　　　封面设计：臻美书装

出版发行：新华出版社
地　　址：北京石景山区京原路8号　　邮　　编：100040
网　　址：http://www.xinhuapub.com
经　　销：新华书店、新华出版社天猫旗舰店、京东旗舰店及各大网店
购书热线：010 - 63077122　　　　中国新闻书店购书热线：010 - 63072012

照　　排：臻美书装
印　　刷：北京文林印务有限公司
成品尺寸：150mm×230mm　1/20
印　　张：13　　　　　　　　　　　字　　数：180千字
版　　次：2017年1月第一版　　　　印　　次：2017年1月第一次印刷
书　　号：ISBN　978-7-5166-3042-6
定　　价：38.00元

目 录 | CONTENTS

致　谢

　　人们在著书的时候，总会直接或间接受到很多人的影响和帮助。在这里我想特别感谢几个人。首先，感谢我之前在石溪大学（Stony Brook University）攻读博士期间的同事奥利弗·波丝铎夫（Oliver Bossdorf）。实际上，在我和他关于蒙蒂·派森（Monty Python）的歌曲与哲学主题之间的关系的一次闲谈中，他给予我创作这本书的灵感。同时，我还要感谢我的"理性谈话"（Rationally Speaking）博客（rationallyspeaking.org）和播客（rationallyspeakingpodcast.org）中的合作者们：他们是播客制片人本尼·波拉克（Benny Pollak），联合主持人茱莉亚·葛萝芙（Julia Galef），博客编辑菲尔·波拉克（Phil Pollack），以及我的合著者：迈克尔·德·多拉（Michael De Dora），伦纳德·芬克曼（Lenoard Finkleman），唐克·艾依莱伯斯（Tunc Iyriboz），格雷格·林斯特（Greg Linster）和伊恩·波洛克（Ian Pollock）。这些朋友对我的想法皆曾以一种友善的、富有成效的方式提出过不同的意见，并启发了我的博客的座右铭："真理源于朋友之间的争辩。"（大卫·休谟）。我要特别地感谢我的代理人朱迪·海布朗（Judy Heiblum）和本书编辑凯莱赫（T.J. Kelleher），在我写作本书期间，他们耐心地与我一起工作。我还要感谢我的养祖父提诺·索拉奇（Tino Soraci），虽然他已不在我身边，但他却培养了我对于科学的热爱。同时，感谢我的高中老师恩瑞卡·基亚拉蒙特（Enrica Chiaramonte），是她初次激发了我对哲学的热情。亚里士多德肯定会赞成，实际上人们在早期生活中所受的影响是十分深远的。

第 1 章
科学 – 哲学与生命的意义

"一切都必须有一个目的吗？"上帝问。

"当然是呀。"人答道。

"那我就让你自己去想一个所有这一切的目的吧。"上帝说。然后他便走了。

——科特·冯内古特（Kurt Vonnegut），《猫的摇篮》（*Cat's Cradle*）

当我还是个孩子的时候，我略显肥胖，这是造成我主要困扰的一个原因，我经常受到朋友们的嘲弄，而且我父母也明显不悦，他们不停地把我带去见一个又一个的减肥医生。你要知道，以今天肥胖盛行的标准来看，我的情况本来几乎是很难被注意到的，而且非常有趣的是，现在我必须定制适合我的尺码的衣服，因为要在商店里找到适合我穿的足够大的衣服，是件挺困难的事。然而，从我记得我意识到这个问题开始（我还在小学）直到我 30 岁出头，它一直很大程度地影响我的生活品质，我下决心我应该做一些事情，而且以我的方式。

我从显而易见的事情开始：我阅读有关于这个问题的书籍，还报名成为一家健身俱乐部的会员，并开始与食物建立一种和谐又健康的关系，而不是把食物当作生活中无论任何时间做错事情时寻求慰藉的源泉。这在过去需要付出很大努力，而且现在在某种程度上仍然如此，但我的生活品质，包括身体上和心理上，在仅仅几个月的时间里便明显地得到改善。在不知不觉中，我在实践在这本书中被我称为"科学－哲学"简称为智慧（和实用建议）的概念，它源自对世界和我们的生命的思考，运用迄今人类发明的两个最强大的获取知识的方法：哲学和科学。

它的基本理念是，无论我们在生活中经历什么问题，都会有一些应该是非常重要的事情：与该问题相关的事实；用于指导我们对那些事实进行评估的价值观；该问题本身的性质；任何可能的解决问题的方案，还有与我们的生活品质关联的那些事实、价值观。既然科学无与伦比地适合于论述事实性知识，而哲学适合讨论价值观（置于其他事物中），科学－哲学似乎是一个非常具有前途的方法，可以解决关于如何建构我们存在的意义这种经年常在的问题。

因此，举例来说，让我们回到节食和体重增加的问题上。正如你有可能想象得到的，关于这个问题科学有相当多的说法，但公众对大部分这方面的知识几乎还不了解，这些知识淹没在一片诸如又一种神奇节食食谱，又一种奇妙药丸，或又一种表面上看似容易简单的解决办法的叫喊声中。例如，吉娜·科拉塔（Gina Kolata）在她2008年的著作《瘦身反思：减肥新科学》（*Rethinking Thin: The New Science of Weight Loss*）中描述了由美国洛克菲勒大学（Rockefeller University）一位研究员朱尔斯·赫希（Jules Hirsch）所进行的一项标的性研究，一群肥胖者在洛克菲勒医院煎熬难耐地居住了八个月，赫希强制他们接受饮食监控。

从一开始，赫希就知道，比起体重正常的人，肥胖者的脂肪细胞体积大得多，他想知道，这些细胞经过严格的饮食控制之后会发生什么变化：脂肪细胞会退化吗？脂肪细胞会变得更小吗？结果很明了：至实验结束时，原来患肥胖症的病人的脂肪细胞已大大地萎缩，并且达到了标准尺寸。赫希认为，既然他的实验对象们不仅仅在整体重量上，甚而至于在细胞水平上都恢复了正常，那么毫无疑问地，他们将能够保持身材苗条，而且肥胖的问题也就迎刃而解了（当时是 1959 年，比目前的肥胖流行症早得多）。

但事情并没有完全按照赫希所预测的那样顺利运行：在短短几个月时间内，他所有的那些肥胖症患者都又回复了和原来差不多的体重，尽管事实上他们都很想保持自己新达成的苗条身材。由于这是科学，并且在控制的条件下，受试者从各个方面接受研究，所以研究人员能够弄清楚期间发生了什么事情。肥胖者的新陈代谢实际上是正常的，这就意味着维持体重现有状况是由身体进行校准。当研究人员把他们的肥胖受试者置于重度节食控制下，他们当然会减轻体重了（简单物理学基本定律的结果），但是相比于一个天生苗条的人来说，他们的新陈代谢极大地减缓了。换句话说，他们的身体将新体系解释为一种饥饿情况，一个基本的生存机制（保持缓慢的新陈代谢，更少的热量消耗）开始生效了。一旦饮食限制被解除，实验对象们的新陈代谢水平便恢复正常了，他们会感到无法控制的饥饿感，并不断进食直到重回肥胖的状态。

后续研究不仅证实了这些发现，还发现了与之对称的真实情况，试图增重的瘦子，有时一天进食多达一万卡路里惊人热量的食物，这导致了他们的新陈代谢大幅度地加速。一旦他们停止过量饮食，他们的身体便燃烧掉全部多余的脂肪，他们又回到他们开始的状态。这方面的研究，以及有关身体质量指数（计算你体重和身高的公式）的基因遗传研究，都指向以下两个结论：在我们的新陈代谢与体重方面，我们大多数人都拥有一个"固定范围"，对于过分高于或过分低于我们的自然范围的各种企图，我们的身体便会表现出逐渐强烈的抗拒。非常肯定的是，这并不意味着环境对我们的体重没有影响，或者说对于改变体重，我们不能有任何作为。但是，这确实意味着，不仅我们能做的事情有其极限性，而且在宝贵的意志力心理资源方面（在第 8 章有更多描述），做这些事情需要付出一笔代价。如果人们能更广泛地了解这种研究，他们会对如何对付自己体重的问题有更切合实际的期望，他们会想出更聪明的方法来应对体重问题，还有，他们将会停止而不再继续痴心妄想能让他们即刻感到幸福的一枚"银色子弹"。话又说回来，靠着利用人们对食物表现出来的软弱而蓬勃发展起来的庞大家庭行业，可能会在一夜之间坍塌，这对于所有那些从单纯节食的狂热者身上大把赚钱的人来说，随之而来的是意料之中的灾难性后果。

谈论了这么多科学，哲学的话题该从哪里切入呢？所有关于人类的体重、代谢率、脂肪细胞的大小等遗传方面的事实，都只具有学术上的意义，直到它们真正地影响了人类的生活。但是，为什么这些事实会影响我们的生活呢？科学再次给出了回答：严重超重或肥胖在健康方面有极其负面的后果。苦于严重肥胖问题的人们更易患上糖尿病和心脏疾病，他们的预期寿命明显比较短，当然，生活质量也大大地降低了。此外，对于在和肥胖症相关的治疗条件方面投入大量财政资源和其他资源的社会来说，也有实实在在的影响。

然而，那当然只是故事的一部分。我从来都算不上肥胖，离肥胖还差得远呢，不过在我的整个人生中超重问题一直如影相随。不过我十分肯定我并不是一个孤立的个案：节食和运动器材这些价值数百万美元的产业，利用着数百万计美国人对理想体重共同的痴迷而获利。目前的情况是，我们在有关体重的问题上做出判断，判断的范围在本质上从美学延伸到道德，而美学和伦理两者皆是哲学的分支，而非科学。

如果我们因为自己超重而感到丑陋，那是因为我们可能无意识地被灌输了某种美学理论，它告诉我们，一个有魅力的人看起来应该是什么样子的。当然，因我们所居之处的文化（在整个人类历史过程中，人体美的概念在空间和时间上发生了显著的变化），这一理论有据可循，也许在一定程度上，它甚至还受到基本的生物学本能的影响。例如，有证据显示，我们更喜欢同伴身上潜在的对称特征，或许因为，这样的特征是种可靠指标，它代表着健康的基因可以遗传给我们的后代。同样地，如果我们将我们多余的脂肪归咎于我们缺乏自我控制，那就是，在关于我们应当如何生活和如何行为、在生活中我们应该努力争取什么，以及我们应该投注多少资源（包括精神上的和经济上的）去达到特定的审美标准等方面，我们正在做出道德判断。我们正不知不觉地运用了哲学，而且，很可能的是，糟糕的哲学思考也许会使我们的生活比本来应该有的更为悲惨。

哲学和科学可以相互结合起来，给我们提供关于世界和如何有可能在世界上生活得最好的知识。这种想法由来已久，被密封于"证知之识（scientia）"的古典概念之中，证知之识是一个拉丁词汇，其意思是更广泛意义上的"知识"，包括科学知识和人文知识。在德语中，有一个类似的词语叫"学问（Wissen

Schaften）"，意义上亦不仅仅限于英文的"科学"。可以说，在西方传统中第一位认真对待证知之识（或者我称之为科学－哲学）概念的哲学家是亚里士多德（Aristotle，公元前 384－322 年），他是你们会在这整本书中不断遇上的一个家伙（这也解释了标题的统一脉络）。关于亚里士多德和他的一些古希腊哲学家同行们，重要的并非是他们的科学内容，因为这些科学内容被过去的 24 个世纪的发展已经大大超越了，甚至也不是他们的一些具体的哲学立场，随后的讨论中这些立场也不再成立了。相反，对这本书的思想至关重要的是，古希腊人认为生命是一项工程这一基本概念，而且，我们要做的最重要的事情就是扪心自问，我们如何去追求生命的意义。那么，从某种意义上说，亚里士多德是最早以哲学和科学这两种方法去揭示这个重大问题的人之一。我们现在对这些问题开始有一些很不错的（假定仍然为暂定的）答案了。

对于亚里士多德，这个项目工程意味着对幸福主义（eudaimonia）进行探索，这是一个希腊词汇，字面意思是"拥有一个愉快的心魔"，我们通常翻译为"幸福"，尽管该词应该理解为"蓬勃"才更加恰当。幸福主义通过贯穿一个人整个生命中符合道德的全部行为才能实现，也就是说，为了正确的原因去做正确的事情。既然生命被设想为一个项目，那么直到我们抵达生命的终点之前，充分评估生命的价值实际上是不可能的，它仍然是一个对我们现代人具有强大直观吸引力的概念。举例来说，曾经过上了达到高尚生活水平的人，后来由于又做了不道德的行为，其终生名声会受到毁损或破坏；反之亦然，我们也会认为，开始时落后退步，但是后来重新获得高尚道德优势的人是值得赞扬的。

亚里士多德是一位杰出的心理学家，他意识到，我们总是倾向于做轻而易举的事情或令人愉快之事，以这样的情感倾向为基准对我们应该做的事情进行理性评估，往往是很困难的。我们再回到身体健康的例子，大家都知道，适度进食和规律运动有利于我们长期的身体（和心理）健康。然而，我们对于即时奖励的嗜好怂恿我们放纵自己的食欲，但是当该去跑步机上运动的时刻到来时，我们却惰性发作。亚里士多德从未见过快餐店，但他却对人类易犯错误的本性了如指掌。事实上，他认为妨碍我们增进幸福主义的主要障碍是希腊人称之为意志无力（akrasia）的东西，可翻译为"意志的软弱"。从某种意义上说，具备德行意味着超越自己的弱点，既为了自己也为了他人去做正确的事。这是迈向人类繁荣的途径。

那么，有一点应该说清楚，幸福主义并不是一般意义上的一种积极情感的"幸福"，而是充满价值的，也就是说，它是一种内在本质上的道德观念。比如说，古希腊人会辩称，一个人终其一生只追求肉体享乐、财富或权力，不属于幸福主义的范畴，无论寻求这种快乐、财富和权力的人可能会感到多么的"快乐"。在十分重要的意义上，这些追求都会是对幸福主义的干扰，因为我们所讨论的这个个体，对于改善自己，或以积极的态度来影响世界方面，被视为交了白卷。幸福主义不应与基督教禁欲主义的美德，或者与佛教四大皆空的概念混为一谈：从亚里士多德到伊壁鸠鲁（Epicurus，公元前341–270），希腊人认为，身体的快乐犹如美味的食物、美好的爱情和友谊，甚至一次刚刚好的运气，皆是一个幸福主义生活应有的必要因素。不过他们还认为，我们追求幸福主义生活的同时，最好也能够花些时间经常对此进行反思。

尽管一切如此，当今对大多数人来说，哲学看似像一个古雅的活动，最好还是留给一帮老年白人男子，他们拙于社交，其尴尬程度足以引人注目。这已是 21 世纪了：如果科学告诉我们，设置一定的体重限制范围对健康有益，而别的情况则有可能引发疾病，那么，一个理性的人难道不应该径直地按照医生的指令去做吗？关于美学、伦理学和生命意义的哲学学术论文难道不应该被诅咒吗？因为事实和价值之间存在着非常重要的但是又被大大低估的差异，故此我认为这个问题的答案没有那么简单。由前者导出后者是一种在逻辑上被称为"自然主义谬误"的错误（因为某人试图将自然的事物等同于良好的事物）。18 世纪的苏格兰哲学家休谟是最早讨论自然主义谬误（尽管他没有使用这个术语）的学者之一。他给自己的著述《人性论》（*A Treatise of Human Nature*）命名恰如其分，在此书中，休谟注意到，有些记述各种事实议题（是什么／不是什么）的人，最终似乎顺理成章不做任何解释就把话题切换到一个完全不同并且涉及伦理规则（什么是应该的／什么是不应该的）的论述。休谟并不是说事实和价值之间没有联系，但他指出，进行如此联系的人应该首先明确地证明其合理性。

休谟关于自然主义谬误的概念，充分体现在这本书与其中心思想之中。休谟认为，科学和哲学相结合对于显著地改善理性之人的生命提供了很大的帮助。当认真对待自然主义谬误时，我们得承认科学（解决事实问题）是远远不够的，我们还需要哲学（涉及价值问题）。但是，我们的哲学应该可以，并且是处处可见可用的最好的科学。反之亦然，我们对科学知识的追寻应该由我们的价值观引导。我们的审美判断也许想要我们的身体去接近一个特定的体重范围，而我们的道德判断则可能指责我们尚未完全实现目标。不过，认真理解关于人体新陈代谢的生物学会给我们些许帮助，在我们想要做的事情与生物现实允许我们能做的事情之间达成妥协。在这里，科学帮助我们修正我们哲学上的直觉。在片刻的反思后，很显然，科学也应该反过来接受我们的哲学选择的引导：为什么投入这么多的金钱进行人的体重增减的研究呢？因为根据我们的审美和道德价值观念，那种投资是正确的，但考虑到我们的社会资源并不是无限的，这种行为可能会以牺牲其他可能的各种医学研究为代价。哲学就会引导着科学（和科学研究基金）前进的总体方向。

当然，在距现代很近的人类历史上，科学和哲学之间已经形成一道明显的区别。不久前，在17世纪和18世纪，像伽利略（Galileo Galilei，1564–1642）和牛顿（Isaac Newton，1642–1727）一样的人士，在今天会被视为科学家的那些人，认为自己是"自然哲学家"。如果科学和哲学曾经不分彼此同为一体，我们如何解释它们特殊的演化？因为如今它们被认为不同于彼此，其差别之大足以被分别安置在大学校园内不同的学院中。而我通过"科学 – 哲学"，企图把两者重新合而为一，为人类繁荣效劳，这又可能意味着什么呢？

从科学对世界本质的发现，到技术和科学原则在医疗方面的应用，也许没有别的原因比更多人熟悉科学的成果让人们更容易理解科学的演化了。尽管熟悉程度如此，关于科学还是有许多的误解，我试图在《高跷上的胡话：如何从谎言中辨识出科学》（*Nonsense on Stilts: How to Tell Science from Bunk*）这本书中替科学澄清这些错误的概念。首先，并没有"科学方法"这样的东西。科学是个略微有条不紊的事业，但每位实践型科学家都有一套基本的指导原则：能解决问题的就是好方法。科学家本质上是务实的，他们会从各种观点中接近问题，部署一个调查方法的阵列，直到他们得到一个针对他们的问题令人满意的答复。

关于科学很神秘的事情其中之一就是，对于世界是如何运行的这一问题，科学往往推导出不太可能真实的结论，科学再三地违反常识，并引发对其结果广泛的拒绝。例如，我们现在认为，量子效应，尤其保里（Pauli）原理，解释了固态物体占据着空间的事实。我们知道，我们的星球是巨型星系周围的一粒尘埃，而这个星系本身只是宇宙中数十亿现存星系的其中之一。我们有绝佳的理由去相信——令人惊讶的是与一种仍然流行的观点背道而驰——人类是黑猩猩和大猩猩在生物学上非常接近的亲属。在某种程度上，科学的进展类似于福尔摩斯（Sherlock Holmes）在"绿宝石王冠（The Adventure of the Beryl Coronet）"中向华生（Watson）博士所解释的："这是我的一个古老格言，当你已排除了不可能的选项，无论剩下什么，不管事情多么难以置信，也必定是真相。"

科学的另一种常见的被误解的特点是，科学并非致力于提供永恒的真理，反而是为了提供具有一定概率为真相的暂定结论。所以，举例来说，当我在上一段里说，我们知道，我们的行星围绕着一颗位于银河系郊区的普通恒星运转，我的意思是，这是由无数的天文观测和我们从对行星、恒星与星系的理论认识中所产生的结论，也是最受支持的结论。无论是观测的结果还是我们的理论，当然有可能（甚至两者同时）最终是错误的，或者也许存在着某种形式的严重缺陷，而继往开来世世代代的天文学家会面带些许居高临下的笑容俯视我们，一如我们对托勒密（Ptolemy）的观点所保留下来的戏谑，即地球是宇宙的中心，宇宙其余部分环绕着地球，并由看不见的天体移动。

科学结论的试探性是科学家们源源不绝灵感的源头，不过同时也是长期不断挫折的根源，还是政策制定者和一般公众产生误解的原因。所有人宁愿被科学家告知"真相"并不再继续关注后续研究，特别是支付了数百万美元资助科学研究之后。然而，心存谦逊就可以认识这其中有一个深奥的启示。相当讽刺的是，科学经常被描绘成傲慢者的最终庇护，但科学家们自己则不断尝试向我们解释，人类对世界知识探索上的内在限制（详见第7章）。

那么，到底是什么将科学构建成了一个独立的领域，并与哲学、文学批评或者其他学科分开了呢？尽管因为科学本身的特性，精确地给科学下定义恐怕是不太可能的，我还是会说，科学是探究自然世界的一种形式，自然世界将具有各种理论不断进行去伪存真的特点，因为这些理论是以这种或那种方式经验性地可证实的。科学事业的核心，正是这种理论和实证研究独特的融合物。正如哲学家康德（Immanuel Kant，1724–1804）曾说过的一句名言，"没有理论的经验是盲目的，但没有经验的理论不过仅是纯粹的智力游戏。"如果科学只是关于事实的话，科学就会与集邮相同无异，但是，假使科学理论并未依照经验上可检验的事实（通过实验或者观察）连续地被证实，科学理论很快就会退化为伪科学，就是我们在占星术、灵异心理学或创世论中所见的那种东西。

那哲学又是怎么样的呢？如果科学难以被准确定义，那么放在哲学身上，完成这个任务则几乎是令人绝望的。哲学是一种更为古老的已经沿着非常独特的而且有时是对立的路线演变而来的学科。从广义上讲，哲学传统上被分为许多个分支，解答各种问题，像关于现实的本质（形而上学）、我们通向现实的路径（认识论）、我们应该或不应该做的事情（道德）、我们应如何辩论（逻辑学）和美是什么（美学）诸如此类的问题。最近，接二连三地出现新领域，典型的例子有冠之于"科学的哲学""心智的哲学""宗教的哲学"等，对于其他学科在哲学方面提出了重要的思考。

20 世纪最有影响的哲学家之一，维特根斯坦（Ludwig Wittgenstein，1889–1951）说过，"哲学是以语言为手段，对抗我们智力的蛊惑之战斗。"这确实是一个很好的用来看看哲学家们是做什么的方式。维特根斯坦的意思是说，人类的语言就其性质而言并不确切，并容易出现混乱（这给喜剧材料提供了一个不断再生的来源，反过来说又被很严肃地与哲学思维进行对比），因而我们应该永远小心，慎防由于我们选择不同的文字使用方式而被误导。再说，我们也可以论证，倘若离开语言，对这个世界的复杂思考根本就无法完成，所以，我们似乎陷入困境了。此问题在原则上与科学家在自己的老本行中遇到的问题没有什么不同：他们使用的每一个工具必然在某些方面受到限制，而且难免有瑕疵，但他们需要使用这些工具向前推进他们的调查研究。不同之处是，以哲学这种方式看待事物，涉及了人类终极工具的力量和界限：语言本身（顺便说一下，这并不是说哲学缩减至语言学的范围，或者以一种令人更加困惑的说法解释，得知还有一门语言的哲学，你可能不会感到惊讶）。

当然，如果你问一百位哲学家，哲学是什么，你大概会收到一百个尽人皆知的不同答案。然而在我看来，作为研究理性使用语言的学科，哲学思考是理解哲学为什么同时也是使用最广泛的学科的最容易的方法：因为哲学解决的是用于我们了解和沟通事物最基础的工具，它在一定意义上涵盖了人类所有的知识。还有许多另外的哲学概念，但我对此的看法是，终极的哲学是建立在推理论证的建构（与解构）之上。一般来说，一名哲学家会对自己提出一系列问题，对这些问题中已经知晓的事物审慎思考，并明确地以推理得出一个特定的结论。然后，其他哲学家将检查并分解这个推理过程，察看这个论证过程如何经受严格审查，或许提出自己赞同不一样结论的论据，诸如此类。还有一些普遍算作哲学的传统，并不沿循这种做法，举例来说，所谓的东方哲学，今天也被称为大陆哲学的一部分（因为它源于一些 18 世纪和 19 世纪来自欧洲大陆的哲学家，如康德和尼采的作品）。在本书中，我所认为的哲学是那种智力活动，始于苏格拉底之前的古代希腊，而且，它的希腊祖先将之翻译成一个漂亮的名字——"智慧之爱"。

就如同科学一样，关于哲学有几种常见的误解，起初有一个误解绝对需要被平反：哲学，与科学一样，确实取得了进展，即使哲学的进步与科学的进步必须加以有区别地测量。粗略地讲，科学可以说是取得了这样一个进展：其对世界的理解，和实际上世界的样貌比较般配一致（这个想法有点简单化，如同任何优秀的科学 – 哲学家都会告诉你的，不过为了我们的宗旨，我们将采用该思想来作为一个足够好的近似品）。例如，因为事实上是太阳，而非地球，真正位于太阳系系统中心，所以哥白尼的太阳系理论比托勒密的理论更佳。接着继承哥白尼理论的开普勒理论更加出色，因为开普勒理论更为贴近现实：开普勒意识到行星沿着椭圆形轨道，而非如哥白尼认为的圆形轨道公转，太阳不完全位于整个系统的中心，却反而占据了这些椭圆的焦点之一。

类似地，当哲学对种种人性观念和人性观念如何与世界发生关联的意思和暗示的意义理解得越来越好时，哲学也获得了进步。例如，哲学家们已经提出了几种人类道德理论，探索各种逻辑可能性（将在第 4 章中讨论）。正如我已经暗示过的，亚里士多德说过，道德就是关于让人类繁荣的事物（所谓的美德伦理学）；在 18 世纪和 19 世纪，边沁（Jeremy Bentham，1748–1832）和约翰·斯图亚特·密尔（John Stuart Mill，1806–1873），提出了功利主义（utilitarianism）的理念，根据功利主义，什么可以增加最多数人的幸福，什么就是道德；在 18 世纪，康德也著述，认为道德就是建立在我们应该对其他人负有一定责任的基础上的一套原则（一套以规则为基础的伦理，或称为道义型伦理）。

哲学家们思考得出这些和其他思想体系的深刻含义，并提出批判和修改意见。今天，没有哲学家会如此幼稚地拥护这些观念，不管其什么方面，比如这些观念的原始形式，因为在该领域中的各种讨论，已经将这些思想发展为更复杂的版本，而事实上，这场辩论还正在从新的理解水平上向前迈进。

在这本书里哲学与科学的关系将会发生一些有趣的转折。正如我前面提到的，科学最初是哲学中被称为自然哲学的一个分支，直到 17 世纪左右，科学皆滞留于这种状态。随着现代学术专业化的到来，科学中探索发现的爆发，这两个领域在很大程度上便分离了。但今天还有些有趣的领域仍然介于彼此交叉中，并且向我们展示哲学的区域如何变成科学的相应区域。其中之一是心灵哲学，其涉及了意识的本质。直到最近，这都是一项专门的哲学事业，不过由于新型实验技术的实用性拓展了，越来越多的神经科学家已解决了此问题；举例来说，功能性磁共振成像技术（FMRI）

，现在可以让研究人员注意到，当受试者沉浸在特定的心理任务中，诸如阅读或馋着冰淇淋时，大脑的哪些部位最为活跃。

如今，致力于意识研究的学术会议和期刊，哲学家和科学家双双都有参与，而我的猜测是，该领域将逐渐被科学家们所主导，比如说，如此情势已经发生在心理学上（在威廉·詹姆斯之前，心理学也是哲学的一个分支）。这样的演变并不能反映出哲学和科学的相对价值，而是由这两种方法互补的事实衍生出的结果：当一个问题定义模糊，而且凭经验来说无懈可击时，哲学家的任务就是澄清问题，并引导未来科学研究开发出用于对该问题进行调查的适当的实验工具，准备理论性根据。

但是，这种过渡并非唯一可能的途径。针对休谟提出的自然主义谬误妨碍了各领域之间的转变，大概将来总是会有问题的。事实上，这些都是我们在这本书中最感兴趣的案例。道德范畴对于使我们的存在具有意义做出了重要的补充，由于这个很重要的原因，在本书中，道德将会经常出现在我们讨论的各种问题中。虽然，因为我们对相关问题已完全具备科学的理解，我们对于意义和价值观的哲学讨论，非常肯定地说是明智无疑的，自然主义谬误的学说仍然防范我们对道德问题（应该／不应该）的科学答案（是／否）轻率地予以接受。

正如我们所看到的，有很多别的领域，最先进的科学与最完美的哲学结合的深刻见解使得我们更容易从一个更明智、更合理的位置上来思考我们的问题。在本书之后的章节里，我们将会讨论从如何明辨是非，到什么才算是真正的知识以及原因；从思考我们究竟是谁，到爱情和友谊的讨论；从对司法和政治的分析，到永远存在的神灵的问题，以及它们对我们存在的意义可能有什么作用——如果有的话。在所有这一切中，我称之为科学－哲学的实践提出了一个至关重要的前提：你有兴趣运用理性和证据来引导你的生命并使之更好。如果你宁愿被神秘主义、迷信或"其他的知晓方式"，无论它们可能是什么，不论它们可能如何发挥功效所带领，那么，这本书就不太适合你。不过如果你同意，人类所拥有的最宝贵器官是他的大脑，而我们应该为了自己尽其所能地好好利用它，那么务必翻过这一页，让我们开始吧。

第一部分

如何区分对与错？

两种思维

第2章
电车难题——我们如何做出道德决策

美德是习惯的结果。我们因正义的行为而变得正义，因温和的行为而变得温和，因勇敢的行为而变得勇敢。

——亚里士多德

想象一下，你身为一个电车的掌舵人，沿着城市的街道，小心翼翼地从一个车站驶往另一个车站运载着乘客。你突然看到有五个人站在不远处，就在你的前面，就要被电车撞到！你猛踩刹车，刹车却失灵了！你对他们大喊，要他们赶紧让路，他们却没有察觉到你！无奈之下，你意识到你只有一个选择：电车轨道即将分叉，如果你拉下一个拉杆，你将改变电车路线并拯救这五个人。然而，因为这个决定，你将不可避免地撞上其他人，并很可能使一个无辜的旁观者致死。你会拉下那个拉杆吗？

来自不同文化的人们在接受调查后，就算违心，大多数人的回答也是肯定的。这是道德哲学家们最喜欢的思想实验之一的一个版本——电车困境。这个实验的想法是，在面对棘手的伦理困境时，看看人们的道德直觉是什么。结果表明，大多数人会接受哲学家所说的功利主义（utilitarian）或结果主义（consequentialist），这是道德决策的一种形式：拯救五个人是正确的事，即使另一个人会在这个过程中被牺牲。这是边沁——功利主义的创始人——称为"道德微积分"的例子。

几乎每一次我解释电车困境时，难免总有人会开始滔滔不绝地表达明显的反对意见：假使五人全是纳粹分子，而你杀死的那个人是你的母亲呢？你不能警告人们让他们离开吗？请问有没有其他可用的选项，或者一些变量呢？但该实验的关键正是在于没有其他的选择，而且我们不知道有关涉及者的任何情况。这样的实验可以让我们在其他条件相同情形下审视人们的道德直觉。顺便说一下，这类情景看似牵强，但实则不然。现实生活中有很多情况，从医疗急救室，到警察抓铺犯人或军事行动，人们都会遇上突发事件，必须迅速做出某种道德的估量，但是没有其他有效的选择，也没有可以作为依据的东西。哲学有时就是在生命和死亡之间做选择题。

电车困境的例子并没有就此止步。把这个电车困境情景做一个改变，那么，在我们如何看待道德这个问题上，更有趣的情况就会显现出来。想象一下，你现在不是驾驶着这辆电车，而是走在桥上，你看到桥下面这辆电车正在轨道上行驶，快要撞上五个路人了，现在，你唯一可采用的行动，也是挽救五个人的唯一办法，就是迅速抓住一个站在你附近的较胖的人，并把他扔下桥，以此阻挡这辆前行的电车。你会这样做吗？（同样地，没有其他的选项；你不能牺牲自己，也许因为你的体重太轻而不能阻止前进的电车。）令哲学家们感到些许惊讶，结果在这个版本的两难困境中，大多数人不会为了许多人而牺牲这一人。这是出人意料的，因为很显然，新的行动方案完全不是结果主义。相反，它似乎更符合其他普通的思考道德问题的方式，也许是道义论的一种形式，或基于规则的伦理，类似于许多宗教采取的方式（十诫是明显的例子）。这里的规则也许是"不可杀戮任何一位无辜者"，或康德哲学的绝对命令：不以利用他人作为实现目的的手段。然而，这不是事情的全部，因为在桥上困境版本里采取道义论伦理的人们，与在拉杆困境版本中明显的结果主义做法直接产生矛盾。我们将会在第 5 章中再讨论矛盾的道德信条所造成的问题。

无论如何，此处认知科学家们出镜亮相了。一组由爱荷华大学（University of Iowa）的迈克尔·柯尼希斯（Michael Koenigs）与南加州大学洛杉矶分校（University of Southern California in Los Angeles）的安东尼奥·达马西奥（Antonio Damasio）领导的研究人员们利用电车困境进行了一个有趣的神经生物学实验。他们把正常人和大脑腹内侧前额叶皮层遭受了特殊类型神经系统损伤的患者进行了比较，大脑腹内侧前额叶皮层是一个会影响情绪反应的区域。在给两组受试者呈现两个电车困境的版本后，关于大脑参与道德决策时是如何工作的，柯尼希斯和他的同事们发现了非常有趣的事实。对电车困境的拉杆版本的反应上，在正常人和神经受损伤的患者之间没有差异：两组受试者中大多数同意拉下拉杆的决定是可以接受的，由此以一命换取五命。然而，当面对电车困境的桥梁版本，表示功利的权衡还是可以接受的（也就是说，把胖子扔下桥是可以的）受试者人数，与对照组相比，比脑损伤患者人数多一倍，为什么呢？

哈佛大学的认知科学家乔舒亚·格林（Joshua Greene），认为他知道这是怎么回事。他的研究小组已经表明，当某人正在考虑个人对非个人的道德问题时，大脑的不同区域便被激活，就如同电车困境中桥梁和拉杆版本之间的差异。可以预见的是，拉杆情境引起了来自脑部中央前回区域强烈的反应，我们知道这是与情绪有联系的区域，而桥梁情境则对大脑中参与解决问题和进行抽象推理的那些部分产生刺激。可以这么说，在柯尼希斯研究里，脑损伤患者和正常人之间的差异，可以用患者的情绪回路受损的事实来解释。

那么，现有的科学是更青睐结果主义还是义务伦理学（deontological ethics）呢？哲学家会说，这是一个奇怪的问题。神经生物学可以告诉我们人们是怎么思考的，但不会告诉我们人类应该如何思考。实际上，一个幼稚的科学家可能宣称神经生物学证据支持结果主义的伦理哲学，而不是义务论伦理哲学，这是基于他们观察到，当人们在运用自己的推理能力时——这不是十分符合逻辑的事情吗？他们却趋向结果主义的方向。再说，一位倾向康德思想的神经学家可能同样合理地指出，情感上无能的人——大脑不按照应有的方式工作的人——赞成在电车困境中桥梁版的结果主义解决方案。你可以看到，事实再简单，也不足以使人判断要做的正确的事情是什么。

乔纳森·海特（Jonathan Haidt）是一位社会心理学家，关于人类道德判断的问题，他做了一些有趣的观察。他提出了"纯粹合理化假说"，从本质上说明，很多我们的道德决策由进化过程中根深蒂固的本能和情感产生，而和伦理无关。海特谈到他进行的一项研究，研究中他让实验对象接触了不会造成任何伤害，但有可能引发强烈情感反应的行为。举例来说，他让人们使用他们国家的国旗来清洗马桶，然后观察人们对这个主意做出的各种反应。可以预见，大多数人拒绝这种行为，而当被要求详细说明原委时，他们给出的解释从道德的层面上谴责了这种使用国旗的做法。但是，海特认为，既然这些行为实际上并不危害任何人，那么是依据哪种在哲学上明确无误的道理，认为这些做法是不道德的呢？相反地，他认为，这正是一个例子，说明人们把他们在进化过程中或文化意义上根深蒂固的各种情感进行合理化，并用道德的盛装装扮它们，但事实上他们非常武断。根据海特的思想，我们应该学会区分正当的道德判断和由于进化或文化背景导致的道德判断，并努力抛弃后者而支持前者。

但是一个显而易见的问题就出现了：我们如何分辨虚伪的与正确的道德解释之间的差异呢？为什么纯粹的合理化假设不能一直保有？打个比方说，为道德相对论的"万事皆可"概念提供科学支持？哲学家威廉·菲茨帕特里克（William Fitzpatrick）指出，在某些情况下，我们可以把进化的和伦理的考虑因素清楚地加以区分，比如当人们做出看似由道德推理指导下的决策，而这样的道德推理又直接面对进化本能。举例来说，我们可能会决定不生两个以上的孩子，因为我们关注世界人口问题（因而违反了达尔文的命令：尽可能地繁衍）；或者我们也许会为了担任人道组织的义工而牺牲我们的一部分时间；或者我们也许会寄支票给慈善机构，让在地球另一边的孩子享有生存、医疗与受教育的机会；或者在极端情况下，我们甚至可以为了我们认为值得的原因，牺牲自己的生命。从一个纯粹的生物学角度看，这些决定都没有意义，我们只需要把我们的精力专注于两件而且仅有的两件事上：生存和繁殖（从自然选择的观点来看，只有当第一必要的事情导致了第二必要的事情，第一必要的事情才是很重要的）。

这对任何强大的道德进化理论来说，类似刚才提到的人类行为（当然，以及许多其他的行为）的普遍存在，都是一个很现实的问题。不过，菲茨帕特里克指出，这样的行为并不意味着进化和我们为什么是道德的动物这个问题无关。他清清楚楚地表述了所谓的"适度的进化解释性论文"，据此，我们的进化历史告诉我们，为什么我们拥有道德思考的倾向和能力，以及为什么我们的道德思考总伴随着某些情感。在第4章中，我们将会在更深层次探讨研究进化生物学对道德的说法。现在，我们还有一个严肃的问题。请仔细考虑下面两个道德判断（来自于菲茨帕特里克的研究成果）：

> 道德判断一：跨族群的婚姻是错误的。
> 道德判断二：同性恋是错误的。

过去在西方社会，道德判断一和道德判断二被认为是正确的，现在，在许多非西方社会，两者现在仍然被认为是合乎情理的。然而，大多数西方人已经不支持道德判断一，越来越多的人也纷纷抛弃，或至少严重质疑道德判断二。但是，道德怀疑论者显然会说：各种不同的意见清楚地表明，从文化角度来说道德判断难道不是相对的吗？以及在一个地方或时间道德上是"正确的"的事物在另一种文化或时间背景下难道不是未必正确的吗？这是一个很关键的问题。在上一章，我们发现我们不能由事实获得道德上"必须做的事情"（至少根据休谟所言）。如果现在事实证明，我们没有基于理性的方法，引导我们说明某事物是否道德，那么持道德相对论者可能最终是对的，这导致产生这样一种情况：除了我们的品味及个人喜好，我们没有其他的道德准则。

这是被称为元伦理学的领域，这一门用于检测是否依据合理判断来采纳任意一种道德体系的学科不同于伦理学，是哲学的一个分支，注重于讨论不同道德观的相对优点以及它们如何应用于各种个人情况。元伦理学的问题是出了名的难以解决，其中一个原因非常类似于为什么提供理性的基础一直以来都极端地难以证明，即使对于数学和逻辑学这样典型的纯粹的推理领域。在整个 20 世纪，世界上最优秀的逻辑学家踏上了史诗般的探索之旅，阿波斯托·多夏狄斯（Apostolos Doxiadis）与克里斯托·帕帕迪米特里欧（Christos Papadimitriou）在他们的图画小说《罗素的故事》（*Logicmix*）里详细描述了此探索，为数学寻找严密的逻辑根据。

可惜，当哥德尔（Kurt Godel，1906–1978）在 1931 年（符合逻辑地）证明了找到这样一个根据是不可能的时候，对理性的圣杯所进行的探索最后以失败告终。不过话又说回来，哥德尔所谓的不完全性定理，并没有包含数学家把他们的铅笔和纸束之高阁去钓鱼的意思，所以或许我们也可以暂时把元伦理学搁置一旁，等将来某一天再做研究，但不必放弃道德推理的理念。

这就是说，论证的结果证明哲学家们认为道德判断一和道德判断二皆不是合理的道德判断。此外，他们认为下面的道德判断是有根据的：

道德判断三：无动机情况下杀害另一个人是错误的。

为什么呢？菲茨帕特里克概括了哲学家对道德判断一、道德判断二的说法：首先，两个陈述都未能经受批判性反思；其次，某些人认为道德判断一和道德判断二是正确的（即使它们不是正确的）的动机，在本质上是非道德的。

让我们先从第二个标准开始：我们很容易认为种族主义支持道德判断一，同性恋恐惧症支持道德判断二，这两种解释都可以进行独立的测试（也就是说，我们可以通过其他方式判断一个人是否是种族主义或同性恋恐惧症）。然而在道德判断三的情况下，为了这个判断去想象一个非道德的动机是很难的。

　　第一个标准当然更加微妙和难以把握，因为一个人应用于声称是道德判断的那种批判性反思，更普遍地取决于他所接受的是哪一类的道德体系（结果论，道义论等）。我们还可以辩驳，因为各种原因道德判断一及道德判断二都是错误的：歧视任意一群人（其他人种成员，同性恋者）；我们不希望这些种类的判断在婚姻和性行为等方面用于我们自己的判断上；或者，在个人选择不伤害任何人的情况下，此类禁锢侵犯了人身自由。相比之下，道德判断三经受得起这样的批判性评价。因为，如果我们真的允许随意杀人，我们很快就会没有社会可言，因为社会是 为了增加个人安全而结伙搭伴的一群个体。 注意，在道德判断三里，"无动机"这个词是一个警告：在道德上被接受的条件下杀死某人是允许的，比如，正当防卫，或者因为其他需要加以详细说明和进行分析的原因，问题在于这样的理由不能是武断任意的，也不能是文化潮流下一时的心血来潮。

　　做个评估，道德判断似乎仍然是一个哲学占主导地位的领域，因为用什么是正确的证明什么是自然的（比如，进化过程的结果，或大脑连接分析思维和情感反应的方式）方程式是很困难的。当然，这并不意味着哲学家能够轻松地摆平伦理争执或理性地解释为什么一开始我们就应该遵循道德规范。不过，关于当我们进行道德判断时我们的大脑是如何工作的，科学确实告诉我们不少，甚至还有关于我们如何获得这种多少有点奇怪的想法，认为"对"与"错"就在那儿。在接下来的两章中，我们会探讨更多神经生物学和进化生物学的内容，以帮助我们明白道德动物是什么意思。

第 3 章
你的大脑与道德

至于道德，嗯，那全都和意识的问题绑在一起了。

——罗杰·彭罗斯（Roger Penrose）

1667 年，托马斯·康奈尔（Thomas Cornell）因谋杀他的母亲被处以绞刑。200 多年后，他的后代之一，丽萃·博登（Lizzy Borden），在被控告杀害了她的父亲和继母后，争议性地被判无罪。在 21 世纪初，同一家族中的另一个后裔，吉姆·法伦（Jim Fallon），是一位加州大学欧文（Irvine）分校的教授，他主要研究连环杀手的大脑。有趣的是，直到几年前，法伦并不知道他的家族那特殊的历史或是这历史和他自己的学术兴趣是如何相关的。在与他的母亲一次偶然的谈话后，他才开始研究这段历史，而他越研究就越担心。

为了满足自己的好奇心，他扫描了他家庭中多个成员的大脑，包括他自己的。法伦的研究显示，连环杀手的大脑眼窝皮层的区域往往活动极少。这十分合理，因为大脑的这个区域以抑制杏仁核活动并与其互动闻名。简单地说，杏仁核是我们强烈情感的基础，特别是恐惧，但也是我们攻击行为的泉源。在眼窝皮层内没有任何活动，意味着对杏仁核的正常制动已被消除，以致让一个人更容易出现暴力行为。最终法伦发现自己的近亲中没有一个有连环杀手的大脑特征，不过，他自己的大脑却有此特征！

此时这位生物学家开始感到有点不安，但是他坚持继续他的探索。他进行了第二个相关的测试，这个测试不直接针对大脑的结构，而是着重于进攻性遗传基础。单胺氧化甲酶（MAO-A）基因，就像大多数基因一样，存在于人类种群中不同的变体中。然而碰巧的是，其中的一个变体与特别激烈的行为相关联，并且经常能在连环杀手中找到此变体。这类绰号为"战士基因"的变体，在法伦亲属的脱氧核糖核酸（DNA）中不存在，但我敢肯定，当你发现法伦具有"战士基因"时，你不会感到非常惊讶。然而，吉姆·法伦并不是一个连环杀手，他只是对此现象抱有学术性的兴趣。这到底是怎么回事呢？

欢迎来到神经伦理学这个越来越令人着迷的领域。在此，哲学家和科学家聚集在一起，从道德角度更好地理解（或改善）人类的推理和行为的方式。这本书是关于哲学与科学就人生中的重大问题共同给我们做的讲解。如果我们想要对这些问题有新的理解，打个比喻说，我们还需要仔细看看头盖骨下面的东西，我们不仅要运用哲学的逻辑手术刀来解析人们如何以不同的想法来指导自己的生活，还要透过科学的显微镜来揣摩人们如何行为，以及为什么遵循某种模式。在本章中，我们专注于从神经生物学的角度来检视道德推理的方法。我们将在第 4 章转向对其原因的讨论研究——关于道德演化我们能做出什么样的判断。然后在第 4 章，通过回归哲学我们结束这个话题，这时候，对于如何过一种有道德的生活，我们已具备更深刻的理解，并为更好的指导做好了准备。

吉姆·法伦确实知道为什么他不是一名连环杀手。尽管考虑到他的家族历史，另外又具备战士基因，并且大脑眼窝皮层表现了特殊的特征，但他认为他仍然缺少另一种元素：合适的（或者说，恶劣的）环境。法伦有着一个不错的童年，没有任何心灵创伤，并拥有许多从家庭而来的关爱。但是，假使过去的一切都是另外一种情况，例如，他受到过虐待，那么"神经系统－遗传基因－生长环境"的完美组合风暴就会像脱缰野马出笼猛虎般激烈爆发，进而可能成为别人研究连环杀手的一个实验对象。这很有可能发生，但是我们无法知道，只能对这种事情做猜测。最起码，吉姆·法伦的特殊案例强调了这个事实，特殊的基因或神经系统的特征，不足以触发特定的行为。但不管怎样，它们在法庭上可能是会被认可的足够重要的因素。

据 2010 年一家全国公共电台（National Public Radio）的调查报告显示，美国法院至今已经接受约 1200 例关于暴力行为的神经生物学及遗传学的证据，看起来，这是一个发展趋势的开始。例如，2006 年在美国田纳西州，布拉德利·沃尔德鲁普（Bradley Waldroup）被指控在一次争执临近结束的时候，情绪失控杀害了他的妻子和他妻子的一位女性朋友。

从法医观点来看，沃尔德鲁普的罪责是显而易见的，检察官要求判处死刑。但辩护律师认为，沃尔德鲁普有完全相同的单胺氧化甲酶变体基因，其大意是说，这种基因就是吉姆·法伦发现自己身上所携带的"战士基因"，这应当被采纳为证据。律师辩称，因为他的这种基因，被告倾向于在压力下失去理智并以暴力行为攻击旁人。由于陪审团的意见一致，于是出现了这样一个惊人的结果：沃尔德鲁普被裁定过失杀人，免除了死刑。

从哲学的角度来看，我们有两个合理的方式来看待这种情况，它们却引领我们得出非常不同的结论。一方面，智力极其低下的人不应该被判处死刑，即使他们明显地犯下了在其他情况下可能会考虑死刑的罪，这是一个固定下来的现代美国法律原则（请记住，前提是美国是唯一拥有死刑可能的西方国家）。这一原则背后的原因是，因为这一类人无能力达到我们大多数人可以达到的理解和决策程度。符合道德的做法是通过约束他们，使其无法造成额外的伤害，而不是为了某个他们拥有极少自主控制力的事情而惩罚他们。另一方面，关于那些生物上的考虑可以进入我们的法律制度显然必须有个限制，否则正义的概念将会失去任何一致性。如果辩护理由是"我的大脑让我这么做的"或者"我的基因让我这么做的"，无非就是认为，几乎我们做的任何事情都受我们的基因构成的影响，而且我们的大脑必然会涉足我们所做的一切。由此可见这两难之窘境。

此外，我们的道德判断还可能被其他因素扭曲，这些因素远不如沉寂的眼窝皮层或战士基因这么显著。例如，如果我告诉你，观看一集《周六晚间现场秀》（*Saturday Night Live*）不仅影响你的心情（如果你喜欢那类喜剧），还能明显改变你的即时道德判断，你将会怎么样呢（如果你观赏喜剧，你会变得更加注重功利性，或者倾向结果主义）？或者，假如你正坐在肮脏的办公桌旁或者有令人不快的气味扑鼻而来，此时我问了你一个道德问题，比起如果你是坐在一个干净的办公桌旁并且鼻子没有受到烦扰的情况下，你做出较为严肃判断的可能性将会更大一些，事实究竟是怎么回事呢？显然地，比起冷静和理性的深思熟虑，更多的事物参与了我们的道德决策。事实上，许多影响决策的事情很容易被我们意识中的雷达所忽略，除非我们知道这些事情的存在，并且我们还随时保持高度的警惕。

当我们考虑小车困境中的科学－哲学研究时，我们在第2章已经碰到了其中的一些额外因素，现在是时候让我们掉转回头重又讨论我们已经遇见过的科学家之一哈佛大学乔舒亚·格林（Joshua Greene）的观点。格林评述过许多关于道德决策神经生物学方面的文献，并提出了被他称为道德判断的"双重过程"理论。根据格林的理论，我们改变我们所采用的道德判断类型，如从小车困境杠杆版本中的功利主义者，到同样问题桥梁版本中的道义论者，是因为当涉及道德决策时，毫不夸张地说，我们有两种看法。

这里的基本思路是，我们的认知过程（从广义上说，我们的理性思维能力）参与了功利主义的伦理判断，而我们的情绪反应（我们的"心底感受"，我们的直觉）则启用了道义论的判断。考虑到哲学家们认为两种类型的道德理论在逻辑上是完全不同的，这一概念造成了一个有趣的情况：因此，我们最终可能会得到不可调和的矛盾判断，具体情况取决于一种或另一种形式的判断是否控制了我们的大脑。

格林的双重过程理论的证据是什么呢？也许最早的线索来自菲尼亚斯·盖奇（Phineas Gage）的著名案例。菲尼亚斯·盖奇是19世纪一位铁路建设工头，他在一场离奇的意外事故中存活下来。当时一根长金属棍刺穿了他的头颅。盖奇的大脑左额叶受到大面积的损坏，不过与事故发生前相比，这个毁坏对他的认知推理并没有造成任何明显的伤害。然而，他的社交行为却发生了变化：突然间，他发现很难控制自己的冲动和情绪上的反应。关于大脑中影响认知的那些区域，至少部分地不同于控制情绪的那些区域，而且破坏（在这个案例中，意外地）这二者之间的平衡也是可能的，这是最早的暗示。

在20世纪90年代，神经生物学家安东尼奥·达马西奥（Antonio Damasio）的小组进行了一项研究，他们将目光聚焦在大脑的一个更具体的区域，即腹内侧前额叶皮质（VMPFC）。研究表明，当进行风险评估时，腹内侧前额叶皮质受损的患者会做出糟糕的决定，明显地低估了某些与模拟情景相关的风险。但是在对他们进行道德推理能力的检验中，患者的反应却十分正常。这个问题的原因似乎是，他们的大脑在类似的情境中，无能力产生通常帮助指导我们大多数人的各种感觉。有趣的是，精神病的神经生物学基础的研究也显示了与腹内侧前额叶皮质的一种联系（在大脑的其他区域）：减少杏仁核（在吉姆·法伦大脑中失去其认知"刹车"的同一区域）的功能作用可以产生心理变态的行为，反过来杏仁核功能下降又可能是腹内侧前额叶皮质上的故障引起的。精神病的正常脑部活动崩溃后，其中一个耐人寻味的后果是，精神病患者似乎不能如我们大多数人一样，轻易地指出道德规则和（如与礼仪相关的）任意性规则之间的不同，对于他们来说，所有的规则皆是任意惯例，因此可以被随意忽略。从某种意义上说，一个心理变态者便是终极的道德相对主义者。

当然，专注于异常情况的神经生物学研究，无论是反复无常的意外事故还是社会上离经叛道的个体，能告诉我们的只有这么多了。在更标准的可以影响我们所有人的情况下，是否有证据证明格林的双重过程理论呢？确实有的。在格林小组所进行的研究中，研究人员把他们称为"高冲突亲身难题"——类似小车困境各种版本的某件事情——的问题介绍给实验对象。其中的技巧是，实验要求部分实验对象将他们的注意力同时放在一件无关的（和道德上中立的）认知型任务上，例如发现在一连串数字中间，数字5什么时候出现在他们面前。其思路是通过转移一些认知资源到另一个问题上，对认知道德判断造成一个简单的干扰。双重过程理论的预测是，功利主义道德判断应该会由于这种干扰受到部分损害，但道义论的判断则不会受到影响。而这正是研究人员所发现的！就好像大脑的道德渠道之一，和类似各种计算和各种识别任务的功能共享频带宽度（可以这么说），而且，我们和后者一起共事越多，我们和前者一起共事的表现就越差。另外，我们已经看到实验也可以反向进行：研究人员可以简单地通过使用不相关的方式改变研究对象的情绪状况，来干扰实验对象的道义论判断，比如通过将研究对象暴露在有害气味中。当然，所有这些研究结果已经超过公正的科学意义：想象一下陪审团被无良律师故意操纵的无穷可能性，他会执意将陪审员的道德罗盘朝功利主义或道义论的任一极端移动。

当我们面对类型迥然不同的道德判断时——和正义的概念有关系（在第 14 章和 15 章中我们会返回讨论的一个主题），我们的所作所为与双重过程理论也是一致的。设想以下假设性不是太强的情景：现在你拥有 100 公斤的粮食来分发给遭受饥荒的人们。然而，运送粮食需要一定的时间，这将导致大约 20 公斤的食物变质腐败，不可食用。取而代之地，如果你选择只为一半的人输送粮食，腐败的粮食将减少到 5 公斤。你会怎么做呢？如果你选择只向一半的人口运送更多的食物，你便是优先重视你援助方案的效率，如果你仍然试图为全部的人输送粮食，尽管会损失更多食物，那么，你就是在效率之上优先考虑了公平性。

这恰恰是许铭（Ming Hsu）及其合作者所探讨的那种难题，他们给实验对象提供一组方案，在这个方案中，公平性和效率能够彼此独立地操控，而且，他们也对参与者做了脑部扫描，以便不仅能够推断受试者在每一种情况下会决定做什么，而且还有大脑的哪个部位参与了决策过程。他们发现，三个区域都参与了对正义议题进行权衡：脑壳核是在效率问题上做出回应的部分，脑岛叶则参与了对不公平的判断。

一旦人们已经在特定情况下考虑了公平和效率的相对重要性，脑尾状隔膝下区域基本上在这两者之间进行调节，最后得出一个统一的判断。看着这些结果，人们可得出如下结论：人类天生就具备了一个精密的"道德计算器"，这在很大程度上完全类似于我们天生就具有大脑机制，使我们能够在生命中的最初几年里，学习几乎任何语言的复杂规则。

根据格林的双重过程理论，这些结果中令人觉得尤其有趣的是，我们知道脑岛叶（不公平编码区域）也是我们情绪系统的一部分；脑壳核（效率编码区域）涉及大脑的奖赏系统（脑壳核对多巴胺非常敏感，多巴胺则是我们神经元产生的天然奖励性物质），反过来又证明了，人们对于慈善捐赠和惩罚逃票者感觉良好，这与脑壳核有关；最后，也是启发性最强的，脑膝下体是整合这两个功能的区域，对信赖和社会性依附一直都发挥作用。换句话说，看起来一个社会适应良好的人必须不断权衡公平与效率，而三块独特却相互关联的大脑区域帮助我们做到了这一点。这是许铭和他的合作者们得出的结论：

> 更广义地说，我们的研究结果证实了康德和罗尔斯的直觉，即正义植根于公平感中；但有悖于康德和罗尔斯，如此感受并非是应用理性道义原则的结果，而是出于情绪处理，为道德伤感主义提供了启发性的证据。

　　我们会在适当的时候谈论康德和约翰·罗尔斯，但如果你仔细阅读，你会发现，这是科学家们试图推翻以实验结果为基础的哲学的一个例子，违反了休谟对于"是"与"应该"相分离的观点。正如我在这本书里几个汇合处所论证的，科学和哲学之间的相反观点误入了歧途，而且不是特别富有成效。对这些结果更为有趣的解读是，人类具备一种内置的情绪公平感，类似于像康德和罗尔斯一样的哲学家们所主张的那种感觉。但是这并不意味着，理性的话语和学习不能改进大自然给予我们的东西，就像理性的话语和学习也可以改进任何其他的生物本能一样。

　　尽管格林的双重过程理论在用于考虑道德论断中理性与感性的相对作用方面，开始看起来像是一个很好的方法了，但是，这个理论也不是无可指责。塔夫茨大学（Tufts University）的布莱斯·许布纳（Bryce Huebner），马里兰大学（the University of Maryland）的苏珊·德怀尔（Susan Dwyer）和之前在哈佛大学（Harvard University）的马克·豪瑟（Marc Hauser），都指明了其中显而易见的问题：从情感和道德决策之间的相关性，不能推测出前者导致了后者；也许情况很简单，仅仅就是某些道德输入的决定使我们体验到了特定的情绪反应。许布纳和他的合作者当然不否认，情绪是道德决策心理学中不可或缺的一部分。举例来说，人们不仅在某些行动发生之后感觉到内疚和羞愧的情感，这些情感也是防止此类行为再次发生的有力因素，而且，人们难以忽视这个事实。还有，他们的论文提出的不是一种，而是五种他们称之为"道德心智"的不同模型。有趣的是，五个模型中的四种，都与一位哲学家的名字相关联，因为这四个模型都反映了众所周知的典范道德理念。让我们快速地浏览一下吧。

许布纳和他的同事们考虑的第一种可能性是他们所谓的"纯康德"模型：正如哲学家康德所认为的，在这个模型中理性影响情绪，而反过来又衍生了道德判断（从而因果连锁看起来像理性＞情绪＞判断）。或者，"纯休谟"模型，其特征在于这个事实：情绪启动过程，先产生判断，随后是我们提出理由的能力，解释为什么我们做出这样的判断（情绪＞判断＞理性）。第三种可能性，不出意外地，是一种"康德－休谟"混合式模型，其中理性与情绪互动后产生了道德判断（情绪＋理性＞判断）；当然，本质上这是格林双重过程理论的重述。第四种模型被作者们命名为"纯罗尔斯"模型，因为此模型基于罗尔斯有关"公平即正义"的想法（将在第14章和15章继续讨论）；在此模型中道德判断是第一位的（可能行为的分析结果），然后调动理智和情绪以证明道德判断是正确的，并依照判断采取行动（分析行为＞判断＞情绪＋理性）。最后是"混合式罗尔斯"模型，借助情绪来进行行为分析，然后得出判断，直至最后清晰表达原因（从图解上看起来，除了添加的情绪和行为分析之间的互动，这非常像"纯休谟"模型：行为分析／情绪＞判断＞理性）。

许布纳和他的同事们提出了一个很有意思的观点，目前的实验性证据没有在这五种模型之间进行最后区分；实际上，第五种模型在他们发表自己的论文前，甚至都没有在出版刊物上明确提出过。因此，事情还是比我已经概述过的更为复杂一点儿，虽然我仍然确信，"康德—休谟"模型的某种版本（即双重过程模型）是目前所有的可用证据都支持的一个模型。

这里还有一些注意事项，对大脑的功能做深入的科学调查的聪

明使用者必须牢记在心。正如由克里斯汀·普雷恩（Kristin Prehn）
和郝克·西可伦（Hauke Heekeren）所指出的，像那些到目前为止
我们已审查过的研究（在第 16 章当我们探讨人类大脑如何对待神
明的概念时，我们还会回到这些研究）通常都是基于非常小的样
本数量，一个非常重要的原因是因为把人们放入功能磁共振成像机
（fMRI）仍然是非常昂贵的。虽然据推测，这个问题可能将随着技
术进步而消除，但是还有其他一些问题仍然存在。首先，当研究人
员发表那些漂亮（和颇具说服力）脑部彩色图像，并表明对应特定
类型任务，和那些区域"点亮"的时候，我们需要认识到这些图像
是统计合成物，而统计合成物并不向我们展示一个人类个体的特定
大脑，而是采用所有实验对象的全部样本而得出的一个复杂的统计
平均值。此外，严格地说，用电脑标注突出显著的亮光点并非大脑
活性较高的区域，我们宁可说是血流达到峰值的位置：这个概念是
如果血液以特别高的速率在特定解剖结构区域流动，那么氧气就会
被交换至位于下方的组织内，这反过来又导致那些组织细胞增加了
生物活性（这需要更多的氧气以促进更有效的新陈代谢）。那么结
果是，我们在发表的论文中所看到的图像，是脑部活动的间接统计
估算，而非脑部逼真的描绘。

　　功能磁共振成像（fMRI）研究还有一个更隐蔽的局限性，被称
为未互动性假设（non-interactivity assumption）：当我们只做一件
特定事情时，在大脑中把正在发生的事情孤立起来是完全不可能的，
比如小车困境。那时因为大脑同时在做各种各样其他的事情，令我
们需要一种方法，把"信号"从我们碰巧有兴趣的焦点活动中分离
出去。

　　这是利用所谓的减法逻辑即另一个统计方法来完成的。通过这

个方法，对大脑背景活动进行保留和排除，使得与我们感兴趣的任务相关的信号显现得更加清楚。不过减法逻辑的基本假设是，人们可以把不同的大脑活动简单地进行加减运算，因为大脑活动并非相互依存。但问题是不同脑功能之间的非交互性的这个假设几乎肯定是错误的，我们根本不知道如何抵消这一事实。举例来说，边缘系统和皮层在功能上和解剖学上是相互协调的，所以以把"情绪"（边缘）活动和"理性"（皮质）活动分离开来真的是不可能的，在任何正常工作的人类大脑中，两者是混合在一起的。

这并不是说，就道德决策而言（或与此有关的其他任何事物），关于大脑是如何工作的神经生物学没有教给我们太多东西，但我们应该记住，在科学中那些定论和目前的研究所告诉我们的应该只能被视为暂时的真相，而且很可能会被更好的方法和更复杂的思维取而代之（或偶尔被推翻）。还有，当考虑到道德时，我们对大脑做的事情具有一些鉴别能力，但我们需要面对那个更深远的问题：为什么人类一开始就会有道德感？为什么我们似乎有种强大的本能，认为某些概念是"错误的"而其他概念则是"正确的"呢？为了抓住该问题的关键，我们需要从神经科学转向进化生物学的研究。

第 4 章
道德革命

永远别让你的道德观念妨碍你做正确的事情。

——艾萨克·阿西莫夫（Isaac Asimov）

"当没有一个能让所有人心生敬畏之心的公共权力的时候，人们就是生活在叫作战争的情况下；而且，这样的战争就好似一场所有人对所有人的战争……所有人对所有人的战争，这也是随之而来的后果；没有什么可能是不公平的。是与非、正义与非正义的概念在此无据可依，没有公共权力，法律就无从立说，没有法律，不公平从何而论？实力和计谋是战争的基本优势。人文科学、通信和社会交往不复存在，更糟糕的是，人活在持续的恐惧和横死殒命的危险之中，其生命与孤独和贫困相伴，深陷险恶和残酷的图圄，短促而逝。"这些著名的话写在托马斯·霍布斯（Thomas Hobbes，1588-1679）的政治杰作《利维坦》（*Leviathan*，1651）第 12 章里，反映了对人本性的黯淡观点，并且许多人都认为现代进化论也已经证明了这个观点。霍布斯当时不一定暗示人类历史上曾经有一个时期，其时人们便起草一份使他们脱离大自然野蛮状况的"社会契约"，（如果他是写于达尔文之前 200 多年，他肯定没有想到进化一说），但是他的潜在思想却是，道德和公平是人类历史的后来者，而且正是这一国家权力阻止我们重新滑回到所有人对所有人的战争。

直到近代，许多著名生物学家都乐于接受这种猜测，道德和全民行为很可能是一种勉强加盖在本质上龌龊的生物本性上的虚饰外表。托马斯·亨利·赫胥黎（Thomas Henry Huxley，1825–1895）号称"达尔文的走狗"，因坚持不懈地捍卫新提出来的依据自然选择的进化理论而闻名，他在《进化和伦理》（*Evolution and Ethics*）一书中写道：

> 道德的最佳实践，即我们所指的仁善或美德，是一种行为过程，在为生存而进行的普遍斗争中，它在各个方面都与通向成功反向而行。它摒弃寡情薄义的独我为尊，代之以自律克制；它要求个体不仅应该彼此尊重，还应该同行相助，而不是挤兑或打垮所有竞争对手……法律和道德戒律导向终止对宇宙进程的控制。

在《自私的基因》（*The Selfish Gene*，1976）这本书里，理查德·道金斯（Richard Dawkins）也写下了相似的观点："需要提醒的是，如果你的想法和我一样，希望建立一个为了共同利益个体们无私而慷慨地合作的社会，那么你不能期望从生物本性中得到什么帮助。我们必须试图去教导人们慷慨和利他，因为我们天生就是自私的。"还有，后来颇具影响力的生物学家乔治·威廉姆斯（George Williams）于1988年在一本哲学杂志中写道："就其无限愚蠢的特性而言，我把道德解释为一种偶然产生的能力，这是根据正常情况下对这种能力的表述持反对态度的生物性进程。"

　　如果这些杰出思想家的论据要点是正确的，那么谈论道德的进化则没有意义。的确，按照这种观点，道德是最反进化的现象：自然选择法更青睐那些挑选优胜者的物种，过于讲求公平和利他反而会被诅咒。现在让我们思考一下下面这个场景：马克意外滑倒并最终落入一条溪流，因为不知道怎么游泳，他开始淹没，珍跳入水中救他，但是她自己并不会游泳甚至险些丧命于自己的壮举；最终几个旁观者伸手相助救了马克和珍。或许再来看看另一个情景：罗伯特正被饥饿苦苦折磨，他可以马上得到食物，条件是他同意实施一个电击给他能看得见的在玻璃面板对面的同伴史蒂夫。但是，罗伯特为了不伤害朋友，他选择忍受施加给他的饥饿。你可能原本以为我正在说的是人类尊严之类的普通行为，事实上却是，第一个例子和两个黑猩猩有关（那个"溪流"实际上是动物园的护城河，而且人名也是杜撰的），而第二个例子是关于两个猕猴（人名是虚构的，情景是人在实验室有意制造的，并非一场意外事件，与前面那个差点溺水的例子一样）。

　　如果认为道德不过是文明给残忍的本能所加盖的一层浅薄的行为外衣的观点是正确的，那么，上面这些以及其他很多我们认为发生在非人类身上的那些道德行为的例子，确切地说也就毫无意义了。

　　历史上人类有很长一段时间拼命地将自己从动物世界分离开来，为了证明人类对自己的特殊性所拥有的优越感是公正的，我们主张，如果我们不是上帝亲手创造的，至少，在本质上，就大自然中其他的物种来说，人类也代表了某种新的物种。但是，各种不断的来自我们的灵长类近亲日常生活活动中的更多新的发现，总是动摇着这些基于动态变化的进化论所描绘的思想，只有人类是具有道德的动物的这种思想，只不过是对灵长类动物行为所进行的更仔细的比较性研究所得到的意外结果之一。

如果我们真的想明白自己的生命究竟是怎么回事，我们则需要先弄明白我们强烈的是与非的意识是从何而来的，正如灵长类动物学家弗兰斯·德瓦尔所指出的，而要做到这点，我们需要认识到，在许多动物物种身上也能发现一些道德观念的最基础构建元素。的确，从进化论的角度来讲，我们越深入研究智人，其相似之处也就越加明显。我们从非常基本的说起，正像我们已经知道的，人们普遍错误地认为，进化就是为了自身的生存和繁殖后代而斗争的结果，因为，用一个令人记忆深刻的话来说，自然界皆是"腥牙血爪"般的野蛮竞争，这个词语是1849年英国诗人阿尔弗雷德·丁尼生（Alfred Tennyson，1809–1892）创造的。在关于进化论的前达尔文主义书籍之一《创造的自然历史的遗迹》（*Vestiges of the Natural History*）出版之后，他开始自己的笔耕生涯，而且他并没有以此作为对这一理论支持的用意。但是，查尔斯·达尔文（Charles Darwin）就人类和其他动物的情感进化写了第一本著作，从他本人开始，生物学家们就一直致力于解释明显利他的行为如何自然而然地进化演变，但主要是在20世纪后半期所进行的实证研究和理论研究的生物学家阐释了构建道德感的三个基本组成部分，同时还发现，不仅灵长类物种，许多其他不同动物物种也具有这些道德感的基本要素。

利他主义最基本的也是迄今最普及的构成要素，即生物学家们所称作的"亲缘选择"。与这个观点有非常明显关联的是威廉·唐纳·汉弥尔顿（William Donald Hamilton，1936–2000），他是一个研究者，他所进行的富有开创性的数学研究有助于生物学家们真正把握和理解这种现象。而我们也都并不陌生这样的情形：亲缘选择往往会是，为了亲友家人的利益，尤其是近亲属，本能地就会不惜舍弃食物、睡眠和财富，甚至有时还会甘愿冒生命危险（当有人问遗传学家 J.B.S. 霍尔丹，是否愿意牺牲自己的生命去救一个兄弟时，他曾打趣地说过："不愿意。但是我愿意牺牲生命去救两个兄弟或八个堂 / 表兄弟。"诚如这则著名的趣闻所反映的生物事实，我们与我们的兄弟姐妹享有二分之一的相同基因，与我们的堂 / 表兄妹享有八分之一的相同基因）。自然进化会更加支持能够把你的基因遗传给下一代的任何行为，只要其能将这个概率最大化，不管那些基因是否确实在你或者你的亲属身上。汉密尔顿关于亲缘选择的理念，借着科技作家理查德·道金斯用"自私的基因"这个比喻说法而得以推广普及。

在这一问题上，你或许会被激怒，因为我试图把人类的道德归结为单纯的生物学策略，借此，人类赢得自己的种族基因并传至下一代基因库。更为甚者，你很可能认为我正在谈论的话题与道德毫不相干，因为亲缘选择也表现在蚂蚁和其他社会性群居昆虫身上，而在它身上根本无法解释像母爱父爱（和父母保护孩子的行为）这样强大有力的人类情感。不过且慢，我们才刚刚开始。

把道德作为一种自然现象开始理解的话，我们需要的第二个构建要素叫作"互惠利他主义"，其主要思想在生物学家罗伯特·泰弗士（Robert Trivers）和心理学家阿那妥·拉帕波特（Anatol Rapaport）的不同领域的研究中都有阐释。泰弗士指出，如果期望对方以后知恩图报，自然选择则偏向利他行为（即一种对于利他主义者来说有成本代价，但是对于非亲属接受者而言有裨益的行为）。大自然中不乏这类令人惊奇的实例，最著名的就是嗜血蝙蝠的例子。嗜血蝙蝠与它们的名字听起来没有两样：它们的食物就是其他动物的血——它们依靠吸食其他动物的血液维生（普通的嗜血蝙蝠夜间偷袭多次，以吸食包括人类等哺乳动物的鲜血为生，而其他蝙蝠吃的是鸟类）。蝙蝠的新陈代谢很快，如果连续两个晚上没有食血，它们就会生生饿死。但是，耐人寻味的是，在这些生物种群的领地，人们发现个体蝙蝠经常做出代价明显高昂的行为：它们喂食那些某个晚上猎食未果空腹而归的蝙蝠。不管怎样，它们建立了一套互利互助制度，因为任何施惠者可能很快就会发现，自己需要从之前自己帮助过的同伴那里得到恩惠。

因为生活在同一个领地的很多蝙蝠彼此利益休戚相关，因此，具体情况实际上更加复杂，介于亲缘选择和互利主义两种情况的临界，但是，这是自然主义道德理论观点的关键所在，即按照逐渐过渡式进化而来的现象：从自私和亲缘选择的简单情况，到开始和人类所说的利他主义相似的更加复杂的社会行为。此外，嗜血蝙蝠的情况肯定不是唯一的支持自然界互惠利他理论的实验证据，另一个证例是某些鸟类会发出报警，提醒同伴有捕食者靠近（但是这样做的后果便是，报信者很可能暴露自己并引起捕食者的直接注意）。

拉帕波特的研究领域是一个全然不同的自然界，而且，按照生物学的定义，也只是在一定程度上与互惠利他主义相关，但是其研究成果非常重要，因为它确定了在非亲关系之间附加条件的利他主义行为在理论上的正确性。众所周知，1980年，在政治学家罗伯特·阿克塞尔罗组织的一场各种策略游戏的比赛中，拉帕波特通过输入一个仅有四行代码的程序而大获全胜，该程序的总体策略即以牙还牙针锋相对：无论你下一个邂逅谁，与他合作行动，除非他拒绝，遇此情况，你须把他打翻在地，然后继续邂逅下一个。结果是，在社会环境里，以牙还牙之道是既简单又灵验的解决合作的办法，而且，在某些情形中，还具有灵活性，足以让行动者与之前不愿合作的对象们重新合作，只要他们改变对行动者的立场。所以，人们禁不住会想，利用计算机理论描述办公室权术并非那么牵强。

但是，当我们在道德进化领域做更进一步的思考，对"间接互惠"进行研究时，情况会变得更有趣。在此，这一概念指的是，在某些种群当中，简单的互利互惠做法可能不会奏效，原因是其种群成员数量很大，或者原来的两个施事者不期而遇的次数很少，所以有很多的欺骗空子可钻。比如：我请求你帮助我，但是后来，我顺利地躲避了报答的机会，因为我们鲜有碰面的机会，或因为能为我利用又容易上当受骗的轻信者太多。在自然选择法则倾向于更加复杂的基于间接互利选择法则的合作类型的情况下，这种局势能够得到克服。

尽管这种情况的数学计算更加复杂，而且，可能出现情况的统计数据较之于亲缘选择和直接利他选择情况的数据大得多，但是基本理念却很简单：同一种群中的一些成员遵守两两之间进行社会性交往的原则，对原则遵守的不同程度影响每一个行为者在社会行为方面的名声。如果某人一再欺骗作弊，他的声誉会大幅下跌，而且他会发现自己越来越难以得到他人帮助，甚至包括他不曾欺骗过的人。相反，如果某人诚信可靠又助人为乐，他的声誉会使他更加容易获得种群中其他人的相助，因为人们确信只要你帮助了他，他就会知恩图报。

间接利他选择法则也许是基本构件，按照我们对它的理解，确实开始觉得像一个道德组成元素。间接互惠的利他行为见诸几种不同的灵长类动物物种，由此生物学家们启示，人类某些已经进化的近亲天生具有人类所称作的"公平意识"。为发展更加高级复杂的欺骗检测和沟通交流的各种机制，物种必须施行互惠利他的做法，这种互惠利他的理念却产生了一些让人啼笑皆非的后果。你可以常见到它运用于人类世界的一种主要方式：传播流言蜚语。在我们日常交谈中占很大比例的内容都是这种或那种形式的捕风捉影，所依据的不过是我们自己（或别人）对他人举止的观察，不负责任地在群体里散布其他成员的不实信息。成为一个人名声中至关重要的组成部分，而且，在群体里打造名声的能力对于间接互惠利他主义产生影响是不可或缺的。当然，与传播流言蜚语如影相随的是全新水平的潜在欺骗，既然靠无中生有捏造事实来蓄意破坏他人声誉是有可能的——但是，这种行为需要高级复杂的交流沟通机制，比如人类语言，把我们带入所熟悉的道德领域。

我们对于道德的进化的理解，并非仅仅基于各种理论模型以及像嗜血蝙蝠一样的远亲物种的稀奇古怪的行为，埃默里大学的弗兰斯·德·瓦尔（Frans de Waal）的小组和其他对合作与利他主义有兴趣研究的灵长类动物学家们反复多次地记录了发生在人类近亲进化物种身上的各种行为，而且，当观察到同样的行为出现在我们人类身上时，毫无疑问地，我们称之为"道德行为"。例如，我们发现很多灵长类动物和非亲缘关系动物分享食物，甚至在它们可以选择独霸食物的情况下，包括合趾猴、卷尾猴、猩猩和两个与人类亲缘关系最近的物种：黑猩猩和倭黑猩猩。在不同的灵长类物种之间也存在有各种差异，而这些差异，再次地，与利他的社交行为不断地进化与响应个体物种所特定的不同社会生态环境的理念是统一的。比如，黑猩猩，代表种群中受到攻击或与第三方发生矛盾冲突的另一个成员，介入到报复性行为中以示一种惩罚，但是猕猴并不这样做。

令人并不感到惊讶的是，黑猩猩被发现有某些与人类极其相似的社会行为。科学家观察到雌性黑猩猩斡旋和解时会把一只手伸给竞争对手，还常见到这个动作之后它们嘴对嘴地亲吻——这样的示好姿态人类可能颇为受益，或许他们正是模仿了在社交方面不如他们老到世故的近亲物种。同样地，雌性黑猩猩在先前发生争斗的两个雄性黑猩猩之间调停关系时，经常走近其中一个，亲吻它（一而再地），然后温柔地用肘轻轻推它，劝说它去找之前的竞争对手和解。

这种做法频频奏效，后来，这两个雄性黑猩猩被观察到彼此给对方梳理皮毛，从表面上看来和好如初了。实际上，每一次的调解努力圆满成功之后，黑猩猩们甚至都还在种群范围内纵情欢乐庆祝一番。

大部分人包括哲学家们都认为，人类道德是建立在产生情感共鸣的移情能力之上，而且具有较深层次的将心比心、设身处地地想象并理解另一个人在特定情况下肯定会产生的感受的能力。最近，在人和其他灵长类动物身上（在鸟类身上也有发现）发现了所谓的镜像神经元，说明移情共鸣很可能是从模仿其他物种行为的能力进化而来。当我们按照一定的方式行动，而且别人也用同样的方式行动时，镜像神经元点燃双方冲动热情，明显可能地促使我们去模仿族群里其他成员正在做的事情——这是人类惊人的学习能力的基本构成要素。但是，镜像神经元还很可能涉及哲学家们所说的我们的"心理理论"方面的东西——我们倾向于凭借着我们自己所拥有的各种不同的思想和情感，通过分析，从而认为别人也拥有各种不同的思想感情，由此迈向发展移情的步子更加快捷。

如果这样讲听起来有点儿过于理论化、太神经生物学专业化，那么我们来思考一下灵长类动物学家简·古道尔所进行的关于黑猩猩的研究：她记载了很难不被作为移情而描述的行为。当一只雄性黑猩猩受到攻击时，他经常会不顾身陷显而易见的险境，边跑边向一同伴尖叫发出警示，在此危难之际，这两只黑猩猩会拥抱在一起，并且齐声尖叫。或者，困境中的雄性黑猩猩会去寻找自己的妈妈，然后干脆就是紧紧抓住她的手不放。这种复杂的情感流露在类人猿（人也是其中一员）身上有发现，但是，在猴子和其他灵长类物种中却没有发现，这也再次指向大脑复杂并且发展了不同社会体系的动物在道德行为方面较为近期的进化。

不过，可能会有人提出合理的反对意见：这一切与真正的道德有什么关系呢？与有意识的是非对错观有什么关系？与人们面对他们认为不公正的情况所体验到的强烈愤怒感觉又有什么关系？我们从"强烈的感觉"开始探索，继而开拓研究"有意识的感觉"部分。很多关于道德决策方面的科学研究，不管是神经生物学类（第3章）还是进化的多样性（本章），都表明这样的结论，道德始于无意识的社交行为，像亲缘选择和互惠的利他行为，并最终产生构成包括人类在内的许多灵长类物种的道德行为的不可缺少的整体情感反应。我们根深蒂固的道德观念，换句话说，实质上是一种强烈的情感。这不应该使我们感到惊奇，无论任何时候天性想说服我们去做或不做某些事情，它所依靠的都是普遍强大的快乐和痛苦的感觉。一个很深的伤口正在汩汩流血，但是你却失察，这是非常糟糕的。因而自然选择促成了神经细胞的进化，强烈的疼痛发出信号迫使你去关注伤口，并因此有可能挽救了生命。而对性的思考则是另一个极端，从自然选择的观点看，说服人们花费时间和资源去寻找配偶和取悦异性并向她（或他）求爱是非常必要的，然后依靠伴侣，长相厮守，抚养共同生育的后代。与能够令我们享受到性爱快感（更不用说我们从对自己孩子的依恋感中所得到的自然荷尔蒙增高）的神经结构相伴相随，性爱所带来的愉悦因此进化。

所以，这样看来，道德起源的自然主义解释和论某些事物是对或错的强烈是非感之间，不仅不存在矛盾冲突，而且越发明显地，正是道德审判（对于复杂的社会性动物）的进化必要性，对我们因感受到不公正而产生的心理反应做出了解释。这是千真万确的，甚至适于亲缘利他——在本章节中我们已经分析过的最基本层面的问题。无论基因是在于我们自身还是我们的近亲，保护并永久延续我们的基因都是进化必要性所衍生的结果。为了如愿以偿，大自然赋予我们保护至亲所爱的强烈情感需求，尤其是保护我们的亲生孩子（和层次递减地保护越来越远房的亲戚），换句话说，导致道德判断的发展的生物机制，和我们从事道德判断时所经历的强大的心理感受之间并无矛盾，实际上，没有后者，前者将会不复存在。

但是，难道这就是道德的全部？难道道德不过只是源于旨在保护我们自己的基因利益的自然选择的一种强烈情感？这或许是认知学家乔纳森·海德特的观点（在第 2 章里谈到电车难题时我们提到过他），他指出我们人类从黑猩猩谱系分离之前，大约 500 至 700 万年前，道德情感基础肯定已经确立，而且甚至很可能比这个时间更早。因此，再一次根据海德特的研究，和我们思考、谈论、试图理解及至发展提高的事物一样，道德观念在我们人类物种进化领域也是一个非常新的事物——在语言进化之前，时间框架将我们人类刚好推至最近的 10 万年以前，我们是不可能有如此的道德观念的。如果有人希望从哲学（而不是宗教或直觉）范畴谈论道德，那么我们把时间限制在最近的 2000-3000 年为宜。

海德特认为，当我们进行道德推理时，我们就是正在进行妄想虚构——我们正在为根据自己的动物本能所选择的行动方式找到合理的解释。无论如何，这个结论下得太匆忙，有些过于严苛，这有点类似于说，既然在自然选择的过程中，或许为了有助于社交互动和能够同心协力地狩猎，语言得以进化，那么，莎士比亚或者但丁的文学成就、现代人类全球范围通信交流的深奥复杂方式、文学作品、哲学以及科学本身也都不过是各种虚构的产物，犹如蛋糕上的糖霜，表面文章而已。由于人类的努力和聪明才智，事物不断得到发展进化，却反而会导致这种结论，错误地解释同一事物（它可能是道德或者是语言）的起源。

相反，我们能够目睹在经历各种道德困境的过程中，人类有能力考虑自然的道德本能的亟待提高，正如现代语言，随着复杂的语法和词汇的发展，与我们更新世祖先所获取的任何成就相比，都是一个巨大的进步。哲学家皮特·辛格提出一个与他的扩展圈概念相似的观点：如果我已经认识到，从一个伦理道德的视角来看，我只是我所属社会的所有人中的一分子，而且，从整体的观点来看，我个人的利益和我所在群体中其他人的相同利益一样重要，那么我愿意认为，从一个更大的角度看，我所在的社会也只是所有社会其中之一，而且，从更宽广的视角看来，我所在社会所有成员的利益，和其他所有社会的所有成员的相同利益也一样重要……采取公正元素进行伦理道德推理，以求得出合乎逻辑的结论，这首先意味着认同我们应该平等地关怀所有人类的理念。

辛格认为，我们能够反思我们基于生物的道德本能，并且理性地着手解决它可能引起的各种矛盾，由此不断扩大道德关怀的范围，直至最终不仅仅包括所有的人类，而且还包括其他物种（辛格是后来成为动物权益运动的创始人之一，即使作为一个功利主义者，他并不是真正地相信权利本身）。这听上去或许有点奇怪，因为我们不习惯把道德当作生物学和哲学融为一体的产物来进行思考，但是，从科学开始，同样的观点当然也适用于其他的人类各项努力。科学有时被描述为放大了的常识，这种归结过于简单化，但是，真理的核心是，科学是基于人的自然能力，通过他们的感官，收集关于世界的实际经验数据，然后借着他们的大脑能力加工分析那些信息，得出关于世界是如何运行的结论。科学极大地扩大了这种自然经验主义的范畴，不仅给我们提供先进的技术工具（显微镜、望远镜、粒子加速器），提高我们的感官能力，还有训练有素的推理头脑，增强我们的思考能力（认识论、方法论、数学）。从这个意义上来说，道德推理之于道德本能，相当于科学调查之于原始观察和直觉。换句话说，通过科学地研究，我们会更加深刻地理解道德，同时，经过哲学反思，我们就能提高我们的道德判断能力。

第5章
建立你自己的道德理论

"那些是我的行为原则，如果你不喜欢它们……，好吧，我还有其他的。"

——格劳乔·马克思（Goucho Marx）

生活的意义是一个复杂的事物，因环境、交友、家庭、事业、和出身（比如我们的基因构成和我们碰巧出生的时间和地点）的不同而不同。但是，毋庸置疑，在我们如何看待自己和如何看待别人方面，道德起着至关重要的作用，这也是为什么我们在此不惜花费时间，首先对人的大脑如何做出符合道德的决定做了研究（第2章和第3章），随后就为什么我们一开始就是有道德的人类的研究方面又获得一定的提示（第4章）。你或许会说，这固然很好，但是，对此我应该做些什么呢？假定道德的本能来源于进化，假定我们的大脑是根据一个逻辑推理和感情投入的复杂组合进行道德推理，甚至，暂且不论诸神存在与否，假定他们在这个问题上并没有说什么（这个话题我们将在第18章讨论），那么，对于建立一个有意义的生命的基础所依据的道德，我们如何提出一个合理的理解呢？来看看这套简便神奇的道德选项吧！

我们分两个步骤进行。首先，我们来回答一度被称作为元伦理问题的是什么（该问题我们在第 2 章中暂时搁置）：如果没有绝对的道德之源（比如一个神），我们如何避免陷入"任何事都可能发生"的伦理道德相对主义？（好消息，我们不会的！）第二步，我们将看一看主要的三个伦理体系，争取你的投票支持：道义伦理学（基于规则的伦理），效果伦理学和美德伦理学。最后，我会建议，我们自己实际上就能够把这三种主要的伦理观的深刻见解，在一定程度上进行混合搭配，建立一个调适性的但并不随意武断的伦理观。

元伦理学是哲学的一个流派，它探索的是最基本问题，如：我们到底如何证明道德推理是合理的？直到读完这本书，我们看到最常见的回答即道德是上帝赐予人类的礼物，可是这样的答复，因为有非常充分有力的哲学理由，根本不会做出证明。因而，很多人把这当作是承认伦理是一个趣味嗜好的问题，比如：我更喜欢黑巧克力，而你却偏爱牛奶巧克力（真的如此吗？）；我更喜欢年轻女孩子处女膜完好如初，但是，你对此却并不那么介意。谁来评判孰是孰非呢？我不能争辩说，喜欢牛奶巧克力胜于黑巧克力是很不理智的（尽管对我而言，确实非常奇怪），但是，我能充分论证，从整体人类体验而言，有些行为就是错误的，尽管其他文化的行为标准在政治上是正确的。

元伦理学的讨论可以变得非常复杂，因为哲学家们采用各种不同的方法解决这个问题。在各种价值观的争议问题上，也就是我们的道德选择问题上，为达到我们的目的，我们所需要做的仍然是去理解"各种事实"，也就是我们对人类行为所做的各种经验主义的观察（因此也是科学的）所起到的特殊作用。在本书的开头部分，就科学和哲学之间的关系所进行的讨论中，我们遇到了大卫·休谟的自然主义谬误：认为一种观念不能简单地从一个事实问题（是什么）转为一个价值观问题（应该是什么）。有大量的自然事物，它们只是对我们不好，比如我想到的有毒蘑菇，同样在伦理方面，正是因为很自然地（也是出于本能地），比如说，人们不信任外人，但是，这并不表明我们就应该区别对待外来移民和本土出生的公民。

最近，科学家，特别是神经生物学家宣称，对大脑结构的深入研究能够解决各种各样的哲学问题，从自由意志（见第 9 章）的争议，到我们目前所探索的问题，即道德。《道德景观：科学如何确定人的价值观》（*The Moral Landscape: How Science Can Determine Human Values*）一书的作者萨姆·哈里斯（Sam Harris）在该书中的论述，或许是对道德哲学做出的最全面的科学研究。哈里斯在他的书中开始部分的脚注里，摒弃了全部关于伦理学方面的哲学文献，理由是"如'元伦理学'、'道义伦理学'等术语每出现一次，都令人徒增对宇宙间乏味无聊的更多感觉"。毋庸赘言，这种主张完全不是严肃的学术，更别说针对诸如"机能性磁共振成像（fMRI）"、"顶骨叶"、"轴突（神经细胞）"等词汇每一次出现，都提出完全相同的批评——你明白其中含义。另外，还是在脚注里，哈里斯自行对科学下了一个广义的定义，因而人们就能够提出合理的论证，说他实际上正在谈论科学（就是我们在本书的开始部分所看到的，它包括科学和哲学，也就是我叫作的科学 – 哲学观），因为他无意于严格区分"科学"和其他我们讨论"事实"所依托的知识背景。但是另一方面，他并不讨论在实际意义上科学家们践行的、同时大多数公众理解的、能帮助我们确定我们的价值观的"科学"。哈里斯与他的读者们在玩一种诱饵游戏。

对哈里斯的学说（以及其他相似的论述）所提出的比较实质性的批评是，他似乎完全不承认或者不明白事实和价值观之间的差异。

他的一篇文章对此有充分展示，极其滑稽的是，在这篇他自己的神经生物学研究报告中，他谈论的正是事实／价值之间的区别：

> 首先，在推理和价值之间似乎已经构成解剖桥的内侧前额叶皮质（the MPFC），看起来在很大程度上对信仰起了调解作用。其次，无论信仰什么，内侧前额叶皮质似乎都发挥影响作用。信仰内容具有独立存在性的研究发现对事实和价值区别直截了当提出质疑：因为从人类大脑的角度来看，如果相信"太阳是恒星"和相信"残忍是错误"在重要性上是相同的，那么，我们如何能说科学的判断和道德的判断两者毫无共同之处？

这是纯粹的无稽之谈。首先，从未有人宣称，从人类大脑的角度来看，科学的判断和道德的判断两者之间毫无共同之处。更重要的是，绝对不能由此而断定事实和价值观是同类的事物，而只能说，大脑是在相同的脑区处理这两种事物（根据相同的推理，既然相同的大脑区域对发生性行为和考虑发生性行为都做出条件反射，这就将意味着两种体验完全是相同的）。

最后，哈里斯的整个研究项目基于这样一种认识，科学是我们行为后果的最佳判断方法，也是它们为提高人类幸福健康水平发挥作用的最好途径，他旨在通过这个项目增加幸福和减少痛苦。但是，这个研究加载了不可思议的哲学思想，因为哈里斯认为用一个特定的结果论判断道德（功利主义）是理所当然的，在道德哲学的领域，这远非唯一的具有竞争性的理论标准。更不提他所做的这个研究项目，对自己的假说既缺乏科学上的捍卫，也没有哲学上的辩词。

且不管我对哈里斯和其他神经学爱好者的批评，更为确切地说，经验事实与伦理判断并非不相干，道德是一种人的特质，如果不思考我们是什么动物，想这个问题是没有意义的。在某种重要的意义上，伦理学是关于人类的福祉（我暂且不考虑动物的"权利"，原因很简单，动物不会有权利，除非人类能够考虑到诸如权利这样的问题），所以，无论任何时间我们进行道德推理，我们都想了解关于什么增加我们的幸福或什么减少我们的幸福的经验事实（顺便说一下，幸福这一概念事实上非常值得深入讨论，无论是在哲学意义上，还是在社会科学研究领域。我们将在本书最后一章详细研讨）。关于这一点我换一个方式说：只有在一群能够回忆他们正在做什么和为什么做的群居动物的环境里，道德才会是有意义的。当一头雄性狮子接替另一头雄性狮子的位置当上丈夫时，他杀死另一个雄性狮子的幼崽，他没有做不道德的行为，他只是一头狮子。同样地，假如一个人，比方说，被永远地困在一个荒岛上，他或她甚至都不可能犯下不道德的行为，因为像这种害命夺妻的罪行哪会有被加害的人呢？

通过我们在上一章里关于道德进化的讨论，这一点应该很明显，人类是在进化的过程中，从最基本需要逐渐发展而建立起一种道德意识。我们可以理性地思考所有我们愿意思考的关于孰是孰非的事物，但是，若不是我们有强烈的天生的本能，使我们关注所察觉到的不公正，那么，所有这样的讨论，毫不夸张地说，都只是学术研究，对我们的生活没有实用价值。进化的过程开发了我们一个非常基本的道德观念本能，在历史上危及我们的存亡的各种具体情境中，因地制宜发挥作用——就是说，在个体组成的各个小群体中，人们不得不团结在一起，互相支持，保护自己免遭来自不只其他物种，还有属于不同部落的智人族群成员的经常性攻击。

作为一种思想体系，而不是动物对于某些社会情景做出的一种无意识的评估，道德思想依赖于人类独有的能力（就我们所知道的而言），我们能够回忆所做过的事情和做这件事情的原因，当然，哲学在这个过程中即发挥其作用，告诉我们如何利用我们的本能，如何拓宽我们探究某个事物的对与错有什么意义等问题的思考。

再来考虑考虑我早前所提及的事例：人类强烈地、根深蒂固地认为，他们的群内成员都应该受到尊重，因为他们唇齿相依生死与共。我们最终认识到，有条件的互惠（在上一章里我们讨论到的"以牙还牙"的报复战略）不应该扩展到地球上每一个人的这种认识是完全没有道理的，理由很简单，所有地方的人而不只是和我们自己相邻地方的人，基本上都是相同的。采取这种行动让人觉得有意思的是，我们所持态度的根本原因在方式上发生了重要变化：据推测，按照自然选择法我们天生地倾向于和邻居以及族群里的同伴针锋相对，互不相让，因为这样的行为（根据数学建模，很明显，事实证明如此）是把我们的幸福最大化的最好的进化论策略。我们回想一下，人类从那种以牙还牙转变为对待同胞亲切友好，若非他们恶意相向而你也予以反击作为回应。直到现在，我们仍能够在进化意义上和我们是近亲的物种倭黑猩猩身上观察到这种相同的行为。但是，当我们把有条件互惠的范围扩大至整个人类时，我们这样做是因为我们明白，根据反思式推理我们做的是正确的事情。这并非是万里之外别人做什么事情对我们实际上产生了影响，而是因为，我们意识到，我们不愿说也不想要折磨、肢残、杀害、饥饿等不幸发生在我们身上，而且关于我们比地球上任何别人更值得的观念并没有理性的辩护。

那么，我们有一个稍微简单化的两步骤方法来回答这个元伦理学问题。首先，若非因为我们是脑容量比较大的社会属性动物这个或有事实，我们甚至不会讨论道德。关于道德思考（或者，更准确地说是感觉）的基础原理是如何产生的，科学在此告知我们一个最言之有理的说法。其次，由于我们彼此间沟通交流的能力和批判性地反省我们行为的能力而产生这个理念，即我们应该把我们的道德体系扩展至（至少）和我们相同物种的所有其他同胞（按道理说，还包括其他物种）。这是哲学对这个问题的贡献。

而且，说到哲学，现在终于到时候了，从道义伦理学开始，我们对争夺道德选择体系总标题的三个主要思想流派做一个简要的审视。正如我们在第 2 章所讨论的，它的基本思想对于任何赞同一种宗教道德体系的人都不陌生：有一些无条件遵守的戒律，以及之所以遵守这些戒律的原因是它们详细阐明了什么是正确的事情。犹太教与基督教的十诫传统是道义伦理学（基于责任的）道德体系的经典范例。但是且慢，我刚才没有说上帝与道德无关吗？对，现代道义学理论是以哲学分析为基础，而不是基于神学。直至目前，道德思想体系中最具影响力的是伊曼努尔·康德所发展的理论。康德是一位笃信宗教的人士，从小生长在一个虔信派教徒的家庭，父母教他逐字逐句遵奉圣经。但是，当哲学家康德最终意识到伦理学需要一个不依赖任何特定宗教传统的理性认识基础时，他开始给世界提供这个基础（令人好奇的是，康德同时还可以说是一位对上帝的存在问题给我们提出了最好的反驳辩词的哲学家，这些观点写在他的《实践理性批判》一书里）。

《道德的形而上学基础》是康德最具影响的著作之一，在此书中，他用多种方式阐述自己现今著名的"定言命令"，也是他自己的道义伦理学体系的基础。一个版本是："只遵循你能够遵循的准则而行动，这同时也将成为一个普遍的法则。"另一种说法是："始终以这种方法对待人类，无论是对待自己或者他人，绝不简单地当作手段，而是永远都当成是目的。"定言命令的第一个阐释应该听起来非常熟悉，这是在宗教世界颇受赞同的"黄金法则"（不仅是犹太基督教，而且还包括佛教、儒教、印度教和道教，仅举几例）。定言命令的第二个阐释在哲学意义上比黄金法则更加微妙和广泛：康德说，符合道义的行为就是把别人当作和自己是同样的人，我们自认为自己拥有内在价值，那么别人也天生具有和我们完全相同的价值，而且从不把别人作为工具来实现另一个目标。

尽管这个定言命令听上去很有道理，也很高尚，实际上却非常难以实践。例如，假设我为我的朋友做点好事，或者想象我捐钱给一个慈善机构帮助受害的灾民，自然地，做这样的事情我会感觉愉快，也确实如此，我甚至可能会因为做这样的好人而感到自豪不已。但是，按照康德的研究，如果我是这样做的，我的行动就没有遵循道德的原则。我的行为不会是不道德的，但是，因为我从中得到了愉悦，所以，一个纯粹的康德学派者可能会提出争议，说我做善事的目的是为了自己感觉更好，因此断言我利用他人作为达到自己目的的一种手段。

或许，你可以开始明白，为什么康德因为对人性不甚宽容而获得一个严格道德主义家的名声。但当然，我们不必为了接受道义论道德思想体系，就像哥尼斯堡（康德的出生地，他在这个城市度过了他的一生）的著名圣人一样乏味无趣，我们可以承认别人也有和我们相同的内在价值，然而，我们对于因为出色地做好一件事情而沾沾自喜的自然本性，仍然可以感觉不错。我们还可以承认，定言命令总体上说是一个很好的规则，不管康德本人对道德有更严格的解释。

但是，在康德的特质道德流派之外，道义学的各种思想体系的确也碰到种种有意思的问题，实际上，当我们在审查令人尴尬的电车难题的时候，我们遇到了一个道义伦理学的重要问题。

我们明白大多数人都承认，通过转动杠杆致使失控的电车改道，获得死一人而救活五人的结果，这样的做法是合理的，但是，非常明显地，我们这样做的确是把这个不幸的牺牲品当成达到目的（救其他五人）的手段。无论这个目的从道德方面是多么值得赞扬，我们都是在明明白白地违逆定言命令。对道义伦理学学者们来说，这种问题出现了，因为道义伦理学倾向于关注目的（其反面是后果）和普遍性法则，而有时候，不遵循普遍性法则（所谓的境遇伦理学）反而最好地满足了美好道德意图的需求。例如，康德有严重的撒谎想法问题，并争辩说（这是一个正确的理由）如果撒谎普遍化了，对于社会来说，就不会是一个完全的灾难。而且，撒谎不仅是可以接受的，更是正确的，这样的例子轻而易举。比如一个很经典的例子，当一个纳粹军官敲你家的屋门，问你家里是否藏匿一个犹太人在逃犯，你对他撒谎，说没有。你可以看到通用命令思想，像刚开始很有吸引力一样，令人直接陷入非常明显的道德两难困境。

像我们讨论电车难题时也已经看到的这些问题，其解决方法之一是转向借助于伦理道德的另外一支重要思想流派：效果伦理学。效果伦理学两位著名的英国哲学家杰瑞米·本瑟和约翰·斯图尔特·密尔的基本观念即所谓的功利原则：道德行为是增进最大多数人的最大幸福的一种行为。后来的哲学家进一步发展功利主义理论，产生了许多细分领域的研究。例如，其中有一个"负"

提法，它实质上认为道德是关于减少痛苦的（而不是增加幸福的），普林斯顿大学的彼得·辛格将这一原理不仅用在对人类的研究上，还用在了对其他动物的研究上，并借此为动物福利运动提出了严肃的哲学基础。

这种对于道德的看法在现代文学中经常被称为"效果伦理"，因为它可以被认为是按照我们的行动后果（而不是其背后的意图）来评价道德选择的一种方法；正如我们所看到的，这是与道义论根本不同的一种方法。效果伦理学比道义伦理学似乎能更好地应对像经典的电车难题等各种进退维谷的困境：我们应该转动杠杆，因为我们的行为后果（牺牲一人但救了五条性命）提高了总体幸福水平（或者至少降低了总体痛苦水平），高于如果我们什么都没做将会产生的结果（一人幸存五人丧命）。

而且，效果伦理学本身可能以各种理由受到批评。有两种常见的反对这个理念的观点，这两种观点针对效果伦理学都提出了严肃的问题。第一个问题是，我们应该对我们的行动后果准确地预见到什么程度，或者，我们甚至对我们实际上是否有能力这样做准确地预见到什么程度，对此没有任何明确的标准答案。例如，假设我居住在这样一个国家，在这里一个恐怖的独裁者压迫他的人民，我判定唯一的出路就是革命。我设法组织了一次秘密行动，发动政变，这个行动完全是因为受到最好道德目的的激励。很不幸，革命失败。结果不仅上万的同志丢掉了性命，而且独裁者采取更加严厉的措施限制同胞们的自由，因此，所有人的幸福极大地减少，同时他们的痛苦又极大地增加。即使我尽最大的努力去做正确的事情，但是整个事业却以一场灾难告终。那么，严格的效果伦理学学者可能会据此证明我发动革命的决定是不道德的（到目前，你可能已经注意到了，哲学家们饶有兴趣参与开发各种干扰思想实验，我很纳闷心理学家会怎么看待这些）。

对这一反对意见，符合逻辑的答案是在道德上我们只负责我们能合理预见的后果。这听起来非常简单，直到我们意识到我们所能预见的，除了依赖于我们对可能非常复杂的连锁事件掌握有多少可靠的信息之外，还在一定程度上依赖于我们对我们的行为（以及它们的后果）能够有多少回忆和反思。比如，让我们把这个革命例子做一个修改：假定我在整个计划中非常粗心，而且，开始革命完全出于纯粹的年少轻狂和一腔热情，极大地高估了成功的概率。理所当然地，现在我必须为自己的行动所带来的痛苦和折磨承担更多的道德责任，但是我们也经常认为，具有理想主义情怀的年轻人在道德上值得赞扬，因为至少他们做出努力去改善现状。实际发生的事情往往超出任何人的直接控制，并最后归结为哲学家托马斯·内格尔所谓的"道德运气"。这种推理思路对效果论不一定构成致命的异议，但是它强调说明，基于对各种可能的后果的评估，做出一个决策可能会是多么的不易。

反对效果伦理学的第二个经典的异议即所谓的移植案例，一个比电车困境更险恶的难题，如果你愿意这样认为。想象一下，你是一家地方医院的外科医生，有五个受伤的人被送进了急诊室。每个人都在一个重要器官——肝、心脏、肾、胰脏或肺处有一处致命的损伤（剩下其他唯一重要的人体器官是大脑，目前至少我们还没有实施大脑移植的医疗技术，更不必说，这样的过程会引起它自身权利上一系列的哲学问题，如果大脑有自身权利的可能性存在的话）。如果你是一位信奉效果伦理学的医生，似乎你应该严肃地考虑逼迫一位碰巧就站在近旁又非常健康的人动手术，这样你就能够移植他的重要器官并挽救那五个人的性命。毫无疑问地，这会增加总体幸福度，或减少总体痛苦，但是，我们大多数人都会毫不犹豫地说，无论谁像那样做事，他都是一个恶魔，都应该被追究最大限度的法律责任。那么，看起来，功利原则存在有缺陷的地方（但是，果不出所料地有一些合理的反异议，可能是功利主义者提出的）。

如果用道义伦理学和效果伦理学解决问题都不是非常给力，或许有第三个选择吗？碰巧的是，真有，我们在本书前言部分就已经领略：即所说的美德伦理学，是由亚里士多德首先提出的，用最新的说法，在伦理道德理论研究领域，它是第三个具有竞争实力的重要现代理论。关于美德伦理学，第一个我们需要弄明白的概念是亚里士多德所指的美德是什么。拥有一种美德就是做一种特定的人，其品质特征具有一种道德价值。比如，有美德的人应该是诚实的，这种诚实的品质不仅反映出一种天然倾向性，而且还反映了这个人对必须珍视诚实和真理这一理念有着深思熟虑的认识。换句话说，在这个意义上，一个人的美德并非得之于偶然，而是因为他后天的努力。美德伦理学的第二个重要方面，不像道义伦理学和效果伦理学，它不直接提出"什么是正确的事情？"的问题，而是研究"我们如何生活？"这样更加基础的问题。

正如我们所看到的，对于亚里士多德而言，为了获得终极幸福感（eudaimonia，希腊文），一个有美德的人需要能够克服意志薄弱（akrasia，希腊文）。根据美德伦理学，人类需要自觉地引导自己的行为遵守道德原则，一方面因为这样做才是正确的，另一方面因为生命的要义在于以一种终极幸福的方式生活。但是，有趣的是，亚里士多德也认为，要想能过上终极幸福的生活，至少你必须得要一点儿运气：如果你不巧罹患一种极端严重的疾病，或者你的外在生活环境非常艰难，那你可能无法获得最大的愉悦，而且你的真正品格也会难免受这般糟糕情况的影响。尽管许多伦理学家们（除了内格尔）认为运气与道德有些什么关系这种观念非常荒唐，我还是认为，亚里士多德在这个问题上是完全正确的，这表明他对人类状况的复杂性有深刻的认识。

正如在另外两种情形下，当然也存在对美德伦理学合理的批评，其中主要的一个也许是说，这一理论总体听起来不错，但是对我们的人生操行缺乏具体的指导。一个人追求终极幸福肯定会有几种不同的方式，亚里士多德建议避开极端、走一条中间道路、做有德行的人或许难以适用，因为"中间"是一个大空间。比如，以勇气为例，勇气也是亚里士多德派所崇尚的美德之一，我们会认为：勇气太少造就懦夫，而太多的勇气又使他行事草率鲁莽。但是，如果我们正在试图确定是否应该在一个特定的情况下拿生命做赌注，这种考虑就不可能对我们有帮助。

美德伦理学家们再一次将这种异议转化成一种优势：我们已经看到了，他们在解释道义伦理学和效果伦理学的过程中遇到麻烦，这完全是因为他们试图把行为过于严格地进行编纂和归类，要么按照一套特定的规则（道义伦理学），要么遵循一个简单的总体标准（效果伦理学），对于这样的做法，实际的生活太过复杂，合乎道德的决策确实很难做出，这就是美德伦理学重点强调品格而不是行动或者意图最终可能更为现实的原因。

另一个提出反对美德伦理学的批评意见是说，意志薄弱的整个概念是很荒谬的，因为说我也许决定做违背我个人意志的事情（比如在我真的想去体育馆的时候决定不去）这样的话是没有什么意义的。这个反对意见源自于人类过度理性主义的观点，但是也完全忽略了做一个人意味着什么的心理学因素。如果你确实不晓得不得不和自己的意志薄弱做斗争是什么情形的话，那么你确实是非常特殊的一个人（而且，当你阅读到第 9 章和第 10 章时，你可能会大吃一惊）。

对于我们应该如何做好我们的生活操行的问题没有终极答案，这在科学领域和哲学领域都是常有的事情，但是，这并不意味着没有答案，或者所有的答案都是大致相同的。特别是——尽管专业哲学家可能会发出严正声明——结合全部三个主要的道德理论的各种要素，我们可以整理出一个有道德有意义的生活的合理的观点，而且，这个特定的组合不需要对每个人都是一样的。例如，我尤其赞同美德伦理学，因为我发现把终极幸福感当作一个终生项目的想法很有吸引力，还因为我明明白白地认识到自己有意志薄弱的倾向性。但是，对康德的无条件道德律令的权威性我也很清楚，比起那位威严的哲学家，我对它的解读不算严格。最后，我还认为，效果伦理学重视我们对做出明智决定负有个人责任，这种理念是非常重要的，因为道德和我们的行为所产生的各种影响关系重大。

专业道德哲学家对于构制一个道德选项表的研究项目可能会提出反对意见，根据是我们所研究分析过的一些不同伦理概念势必带来相互的矛盾，因此，通过把美德伦理学、道义伦理学和效果伦理学的精华思想相结合得出一个连贯的思想体系是不可能的。我不由得很想像美国诗人沃尔特·惠特曼那样（在《自我之歌》中）做出一个响彻天下的回应："我自相矛盾吗？那么，我非常自相矛盾，我宽阔无垠，我包容万物。" 惠特曼的反驳蕴含某种智慧。虽然，我们将会在第 14 章和第 15 章看到，哲学家们为了提高他们的信念的内在一致性，他们进行一种非常有用的反思式的操练，但是也有理由认为，很可能，因为人类事务实在太混乱，靠一种刚性的、正式的、合乎逻辑的方法无法予以解释。就像在应用科学领域，比如，在医学研究领域，有时，我们等不及积累更多的数据，或者等不及设计最好的实验方案，就必须做出决策，所以按照实践哲学，我们或许必须接受所能做到的最好，而不是寻求一个高不可攀的柏拉图式的理想。但是，为了追求一种有道德和有意义的生活，我们不得不斟酌我们正在做什么和为什么做，认真思量所有时代最伟大哲学家对人类境况的解析对于这样的思考有极大的帮助，决定如何应对仍然取决于我们每个人。

第二部分

我们如何知道我们认为
我们知道什么

两种思维

第6章
你其实没那么理性

舆论的错误我们不妨先容忍，只要理智还有自由可以反击。

——托马斯·杰弗森 (Thomas Jefferson)

正如我们所看到的，在谈论伦理时，人类总是拼命地试图将自己与动物的世界区分开来。有一个尽管可能是虚构的故事却很能说明这个问题：一位维多利亚时代的女士第一次听说达尔文关于我们和大猩猩有关系的理论时发表意见说，即使达尔文的理论正确，人们也不希望他的说法流传开来，因为这会令人尴尬不已。但是，消息确实还是不胫而走，而且科学也越来越难以在我们和别的动物之间找到鲜明的差异，比如，我们并非唯一使用工具的动物，也不是唯一从事文化实践的动物。不过，至少我们能看到作为人类所特有的两种东西：语言（不止于交流沟通）和理智（慎重的）。

亚里士多德在他的《形而上学》（*Metaphysics*）一书里把人类（man，今天我们更愿意说与动物相对的人 humans）定义为有理性的动物，这一定义既承认了人与其他生物世界的连续性（毕竟，我们也是动物），同时也确认了把我们与其他生物世界加以区分的显著的质的差异。就像我们会在本章中看到的，无论如何，认为具有语言能力的人类是善于合理化的动物或许更加准确。具有讽刺意味的是语言反而提供了一个重要帮助，把我们自己的想法同别人的想法混为一谈。如果我们希望追求充实的生活，那么，我们需要学会正视我们是多么容易愚弄自我，认为我们应该做更多的了解而不是更好的思考。

在我们实际上正在做完全不合理的事情时，我们却操纵我们的大脑相信我们正在进行合理的决策，这是轻而易举的事。几年前我亲身经历过这种情况。在美国国家公共广播电台，我参加了"广播实验室"栏目的一个现场演示广播节目录制，当时，他们要求我们首先想想我们的社会保险号的最后两个数字，但是不要告诉任何人，然后，他们展示给我们一件商品，可能是我们在一家玩具店或电器商店购买的，接着问我们认为支付多少钱买这件商品是合理的。随后，节目主持人把所有人按照愿意出钱多少买这件商品的顺序排队，并向我们表明这里存在着和我们的社会保险号有完全的关联，直到此时我才明白这两件事之间有着怎样的联系：我们的社会保险号最后两个数字越高，我们就会越发认为支付这个暴利商品是合理的。这是心理学家所说的"启动效应"的一个例子：一旦你开始思考某个事情，即使它在逻辑上与你手头正在做的工作不相关，你也会对这个工作采取一定的态度，对此最好的解释是启动效应，而不是该任务的任何客观特征。这还说明了，比如，为什么面试官在进行会见时，会因为他们手里握着的是加冰的水还是热水而被诱导对求职者是"冷淡的"还是"热情的"做出不同的评判。我们不仅对工作面试官必须防范小心，还应该提防广告宣传人、法庭上的律师和其他许多不同的人，以及在我们不知不觉的情况下令我们的大脑能够受到操纵的各种情形。

　　一个相关的现象被称为"框架效应（framing）"，而且它已经在各种各样的情况下和实验环境中得到证实。例如，贝内德托·德·马蒂诺（Benedetto de Martino）、达圣·库马兰（Dharshan Kumaran）、本·西摩（Ben Seymour）和雷蒙德·J·多兰（Raymond J. Dolan）所做的研究——已经发表在负有盛名的《科学》（*Science*）杂志上，研究表明说服人们要么采取规避风险的理财行为，要么冒险投资是件多么容易的事情，这只不过取决于以什么样的方式提出完全相同的问题。德·马蒂诺和他的同事们要求他们的实验对象考虑如果给他们一定数额的钱他们会用它做什么，同时还要能够保留其中一部分钱。假如将这个问题设定为"保留"钱与"失去"钱两个对立的选择，人们的表现会截然不同：很显然，告知我们 100 元的馈赠可以保留 60 元（因此失去 40 元），还是我们可以失去 40 元（因此留得 60 元），对于我们的大脑来说会产生不同的影响，即使这两种情形明显地在逻辑上是一致的。我们这里说的不是高等数学，也不是复杂的概率论，然而，有智慧的人却对于这个结果相同的问题做出根本不同的决定，而这仅仅是因为对他们提出这些问题的方式不同而已。这就是为什么你再一次听到民意调查的结果时，你可能首先想做的事情就是反问自己：这些问题是如何框定的？如果研究者以另一种方式将问题设定框架，那么民意调查的结果可能会大不相同（在第 13 章我们将重新探讨政治背景中的框架效应）。

　　但是，对于我们的大脑在信仰方面的判断可能有多么的不可思议，以及又如何把信仰合理化，如果我们真的希望得到一个良好的感觉，我们需要深入了解关于脑损伤方面博大精深的文献资料，特别是关于妄想的许多研究。妄想不仅仅是一个普通的贬损意义的词，而且还有技术上的含义。出版于 2000 年的《精神障碍诊断统计手册》（*Diagnostic and Statistical Manual of Mental Disorders*）第 4 版对它做出这样的定义：

> 一种基于对外部现实错误推理的错误信念，而且坚定持久，无所顾忌所有其他人相信的是什么，也不在乎构成无可争议的并且显而易见的反面证据是什么。该信念通常不被坚持这一信念的人所属的文化社会或者次文化社会（例如，这并非宗教信仰中的一个信条）中的其他成员接受。如果一个错误的信念需要进行价值判断，那么唯有当这个判断过于极端以至令人难以置信时，它即被视为一个妄想。

除了关注专业心理健康手册 DSM-IV 的作者由于宗教信仰的缘故假设的这个不同寻常的例外（是否某种东西仅仅因为有很多人相信就会不再是一种妄想？），或许我们认为这个定义太宽泛，如很多美国人认为地球没有几十亿岁的年龄，"并不在乎构成无可争议的并且显而易见的反面证据是什么"，这不仅是一个宗教原教旨主义的结果，因为他们通常都是简单地给做出假定，而是源于事实是"无可争议和显而易见"的证据，且只对于在生物学、地质学或者物理学领域受过技术训练的人是这样的。不过，有一些特别的指导案例，符合几乎任何人关于真正妄想的标准，当然，除了那些受到影响的病患者。

下面的例子令人心痛，描述的是一个罹患科塔尔综合症（Cotard's syndromes 虚无妄想综合症）的病人，其症状就是产生错觉，认为她已经死了。她反复说她自己已经死了，而且固执地认为，在医院检查之前两周她已经死了（即在她入院的时候）。她在讲述这些她认为的事实时，表情极其痛苦，泪流满面，而且迫不及待地要获知她住进的这家医院是否是"天堂"。当被问及她认为自己是怎么死的，她回答说："我不知道我是怎么死的。现在我明白我得了流行性感冒，并于11月19日来到这家医院，或许我是因患流感而死的。"有趣的是，她还披露说，"对待我的男友也感觉有点不对劲儿，我不能吻他，这让我觉得很不自在，尽管我知道他爱我。"

科塔尔综合症（虚无妄想综合症）可以表现为各种令人震惊的方式：例如，患者也许真的认为他们的肉体正在腐烂，或者他们失去了自己的内脏器官。而有时，这种疾病导致患者产生长生不死的错觉。科塔尔综合症是由识别面孔的大脑区域和大脑杏仁核即负责情绪的部分之间的断开所引起。换句话说，患者在镜子里看见自己的脸，但是，情绪上没有反应，好像镜子里的脸就是现实中他们的脸，能够自主进行合理化处理的大脑就会开足马力，进行大的调整并给出一个解释，为令人窘迫的感觉数据承担责任：如果镜子里的人看上去像我，但我感觉并不是我，一定是因为我是死人。

还有一种非常类似的情形，见诸被称为卡普格拉综合症（Capgras syndromes，又叫替身综合症）的有关妄想发生情况下。受到这种妄想症困扰的那些病人认为，他的一个亲近的人，比如配偶、朋友或父（母），已被另一个长相酷似的替身所取代，此外，得出这个过于离谱的结论的大脑，与按照它对世间万物的理解认识脱节，在这种情况下，别人的外表和对他们所产生的感觉之间发生脱节。那些罹患这种妄想症的病人只不过必须编造故事为所发生的事情自圆其说，因为大脑所编造的故事给他们提供了错觉，他们误以为一切都在自己的掌控之中，不顾所谓的解释实际上是多么的不堪一击。

也许，以"割裂脑（split-brain）"患者所进行的经典实验给出了最有力的证明，大脑工作与其说像一个理性工作者，倒不如说更像一个合理化加工者。所有人的脑部都有两个大脑半球，它们在结构上和功能上截然不同。这在脊椎动物身上并非稀有罕见，从鱼类到哺乳类动物都是使用大脑左半球控制日常行为，右半球更倾向于处理不同寻常的情况。对我们人类来说，正常人具有一种叫作脑胼胝体的特殊结构，连接大脑左右两半球，负责保证信息交流的持续性和我们的思维器官左右两半部分之间的协调。但是，有一些人的胼胝体是断开了的，或因为一场意外事故，或者像大多数情况那样，由于病人癫痫发作，为缓解极端症状而进行了急诊外科手术。这些割裂脑患者的行为后果，既可以有助于他们应付非同寻常的情况，还可以有助于研究者更多地了解每个脑半球在孤立的情况下是如何工作的。实验结果令人震惊地揭示了人类大脑运转中什么必须是正常的，而什么通常又是被忽略的。

达特茅斯大学（Dartmouth College）迈克尔·加扎尼加小组进行了其中一个这种类型的经典实验。他们利用了这样的一个事实：人们只能将图像显示给大脑半球中的一个，因为大脑右半球控制掌管视觉领域的大脑左半球，而左半球可以畅通无阻获取右半球的信息。另外，大脑左半球能够进行口头交流，而右半球却不能；不过，右半球控制左臂（就像左半球控制右臂一样），所以，左半球仍然能够回答问题。实验开始时给大脑右半球展示了暴风雪中一幢房子的图像，而给左半球显示的是一只鸟类的脚。研究者们能够分别和大脑左右半球进行沟通交流，因为左半球掌管语言，而右半球对视觉线索产生反应。然后，实验要求每个脑半球在几个图片中进行选择，挑出在逻辑上与之前展示过的图像有关联的最恰当的那个形象。两个半球都做出了正确的反应，右半球挑选了一把铁铲（与暴风雪相搭配），左半球挑选了一只小鸡（和鸟类的脚匹配）。一旦实验询问左半球——口头上——为什么患者（其行为由独立完成工作的大脑左右两半球促使发生）拣选了一把铁铲和一只小鸡，别忘了因为胼胝体已切断了，大脑左半球无法参与所对应的大脑右半球进行决策的过程，但是这没有妨碍它提供一个表面上理性实际上却完全是胡编乱造的解释：挑选铁铲是为了打扫清洁鸡棚。

在此具有讽刺意义的是，现代神经生物学的研究似乎表明，大脑右半球更诚实，会坚持直接解释传递到大脑的信息；而大脑左半球，即负责语言的器官，倾向于编造又复杂又有点脱离现实的叙述，目的是为了能把自相矛盾的信息自圆其说，讲得合情合理，也是为了缓解心理学家所说的"认知失调"。我们可以举一个简单的例子说明过分复杂解释的这种趋势是如何将我们置身于麻烦之中：有实例证明，甚至连老鼠都可以用一个简单的认知任务击败我们。该项任务是搞清楚屏幕上出现的灯光是随机的（不存在潜在的组织规则或原则），而且根据统计，还更加可能出现在屏幕的顶部。老鼠及其他动物明白（明显地，这并非有意识的），灯光往往都出现在屏幕的顶端，并且迅速制定出一个最优策略，按下正确的按钮，结果获得奖励。人类的表现远差于老鼠，因为他们坚持创造出关于产生这种模式的现实规则的复杂理论；由于不存在这样的规则，他们获奖的概率要低很多。要想出一个能说明想太多了不是一个好主意的更优雅一点儿的范例，不是件困难的事情。

有时，我们过多地思考导致认知科学家所说的"虚构（confabulation）"。自发性（更确切说，非病态的）虚构发生在我们被迫去追忆一桩我们不记得的事件的所有细节之时。一直关注由认知失调引起的心理压力，大脑就会直接"检索"实际上记忆中不存在的事物，当我们要缩小我们被告知我们应该知道的事物和我们所记住的事物之间的差距时，差不多就是在虚构故事。比如父母被自己的孩子提起不公正的起诉，指控他们犯有儿童性虐待罪，而这也许只不过是一些所谓被压抑的记忆在心理治疗过程中表现出来的情况，这个"记忆"不过只是一个虚构的结果，只因病人的大脑试图减轻由治疗师的盘问而引起的认知失调。

我们大量地了解到了有关大脑不能正常工作的时候大脑的运行情况：虚构可以转变为病态，这经常是由于眼眶前部（orbitofrontal-anterior）边缘系统受到损害而造成，当然，也可能是因为环境压力引起，比如酒精中毒。在这样的病例中，病人个体不仅绝对相信他们编造的故事，而且极力捍卫自己对现实的描述，即使面对明显的反面证据时也是如此。例如，一个在伯尔尼一家医院被接诊入院的病人坚持认为他在波尔多，当他面对窗户外面的风景时，他承认这看起来不像波尔多，但是，他紧接着补充说："我没有疯，我知道我在波尔多！"

虚构从神经学上说是复杂的现象，而且，这种对健康的实验对象可能会造成影响的自发性形式明显不同于病态性形式。然而，正在发生的事情却似乎是，大脑把过去的记忆和当前真实情况加以分开的能力出了问题，其结果是关于目前发生事情的信息与过去的信息在大脑中混淆不清，大脑的"合理化加工功能"开始全速工作，对于这些杂乱无章的信息进行合理化解释，任意地自圆其说。

这一切来自神经科学的证据可能没有动摇你对人类推理能力的信心，毕竟，我们一直主要地在谈论疾病，即使是像拉玛钱德朗（V.S.Ramachandran）这样的科学家们也宣称，科塔尔综合症和卡普格拉综合征（Cotard's and Capgras syndromes），以及割裂脑（split-brain）患者和虚构（confabulating）患者的行为，只不过是为了更加容易地研究我们大脑内部的运转情况而被夸大了。但无论如何，事实却是亚里士多德所坚持的人是理性动物的观点，也因为研究人们日常如何判断个人和社会问题的认知科学领域中更加微妙的证据而被动摇。

米歇尔·卡巴纳克（Michel Cabanac）和玛丽 – 克劳·波尼奥特 – 卡巴纳克（Marie-Claude Bonniot-Cabanac）所做的一项研究向受试者提出了一系列的社会问题，包括从堕胎到同性恋，从气候变化到中东地区局势，然后，要求他们对每一个问题的多个可能的解决方案提供自己的判断。研究人员让这些受试者们以两种不同的方法（在不同的时间）给这些可能的解决方案进行名次排列：首先，他们被要求说明，在每一个问题的解决方案中，哪些令人感到愉快、中性或令人不愉快；其次，又问他们，如果他们有权力决定解决方案的话，他们愿意选择那一个。

研究结果颇为令人深省。一开始，当受试者在时间压力下，他们倾向于追求愉快的解决方案，也就是说，这个答案让他们感觉更好。但是，如果给更多的时间，并明确地告知要对所有选项保持中立立场，并以理性的思考进行权衡，受试者们往往就会改变他们的偏好，无论感觉愉快的是什么，他们也不太可能去选择。在他们对这些结果进行讨论的时候，卡巴纳克和波尼奥特－卡巴纳克还引用以前的研究，证明当人们心情好时，他们更容易对各种事物做出理性的而不是是否会令人愉快的评估。事实证明，当进行合乎逻辑 又理性的思考时，人的大脑也会感到快乐，比方说，当我们能够找出一个谜题的答案时。但是，正如我们可以预见到的，大脑选择享乐时感觉更快乐（根据脑内释放的啡肽的测定）。这种研究结果可以鼓舞人心，也可以令人感到沮丧。悲观主义者可能有理由得出结论说：人们更偏爱让他们感觉比较好的判断，而不是经过更加审慎思考的判断，而且，像人的心情这么简单的事，也会影响我们在道德和社会问题上的判断。相反，乐观主义者也可能会同样合情合理地予以回应：当人们意识到这些倾向，并同时安排一个适合思考的环境，他们能进行更加复杂而理性的判断。

所有这些对于我们追求有意义的生活都很重要，因为这样的生活，不仅取决于在各种问题上我们行使尽可能最佳判断的能力，而且，还取决于作为一个繁荣的民主国家我们的社会具有的总体功能。这使我关注政治科学家克里斯托弗·阿切（Christopher Achen）和拉里·巴特尔斯（Larry Bartels）在普林斯顿大学（Princeton University）进行的令人不安的研究。克里斯托弗·阿切和拉里·巴特尔斯实证调查了选民如何在重大问题上下定决心或者改弦易张，他们也调查了选民们使用党派关系作为他们的"代理"（一种快捷方式），这种代替他们投票决定的做法能到何等程度。

第一个案例研究所关注的是，在比尔·克林顿总统第一任期内人们对联邦预算如何使用的洞察能力。让我们从实际数据说起，在任期结束之前，赤字显著降低了大约百分之九十，人们实际上的想法又是什么呢？总的来说，只有约三分之一的美国公众对赤字已经减少的事实表示赞赏，但是，百分之四十的人（和百分之五十的共和党人）认为赤字实际上增加了。这一调查结果特别令人沮丧，因为联邦赤字的数额不是一个政见的问题（比方说，不同于解决这个赤字的最佳办法），并且与其相关的信息非常易于理解并且还受到媒体广泛的报道。确实，当他们把调查重点集中在占20%的信息非常灵通的选民身上时，克里斯托弗·阿切和拉里·巴特尔斯发现情况略好：他们发现，在这些选民中，实际上已具有一个"拉动效应"。他们还得出结论，占三分之二的选民处于获取信息等级划分的底端，他们的反应，似乎对现实没有产生实际上的影响作用。

当调查研究者们对使用同一时期数据的第二个案例进行研究时，情况变得甚至更加复杂：人们被问及在过去一年里（1996年）经济是否有所改善。事实上经济确实得到了改善，而且，满四分之三的人了解这个情况（当然，这是令人感到欣慰的百分比数，但是，我们仍然剩下四分之一的美国人恣意无视这个基本的实实在在的并对他们的生活产生了影响的事实）。当然，党派偏见显然发挥了很大的作用：两倍于民主党人的共和党人声明，经济已经变得更为糟糕。然而，奇怪的是，在这种情况下，党派之争的影响在消息灵通的选民当中尤为明显。为什么与关于赤字的案例做对比呢？该调查研究的作者推测，这其中最大的区别是，当问人们预算赤字时，明确提到了克林顿总统，而关于经济的问题却是用中性措辞表达，这是我们较早前看到过的一个完美的框架效应例子。

在克里斯托弗·阿切和拉里·巴特尔斯后来关注人们是否和如

何在重大问题上改变主意时，他们发现更多的原因仍然是对人类理性的怀疑。他们访问了人们在堕胎问题上所持立场的纵向（跨年）数据，这是一个非同寻常的政治问题，因为在很长一段时间，各种不同的意见总是保持不变。他们发现，从 1982 年至 1997 年，这段时间共和党越来越受到基督教右翼保守派的影响，逐渐地在其政纲中让堕胎成为一个重大问题。后来人们纷纷离开了共和党，但是同时，他们却保留原来的在堕胎问题上的立场，其中女性人数超过男性（这是有道理的，因为明显地，这个问题对女性来说更加紧迫）。有趣的是，在这个问题上，消息灵通的男性采取像女性一样的行动，而孤陋寡闻的男性则更有可能在共和党改变其政治纲领期间，自始至终留在共和党内。后者还更可能在堕胎问题上以自己的立场，将促成政纲改变的理由合理化，使其和他们忠诚于共和党的决定协调统一。在总统乔治·布什推行社会保障私有化的进程中出现了一种类似的现象：在布什总统宣布他的政策后，结果原来支持私有化的人反而没有更加支持他。然而，原来支持布什的人与他们之前相比，确实更有可能支持社会保障私有化。

考虑到所有这些令人困惑不安的事情，我们得知大脑是如何在总体上致力于使我们的世界观理性化（在其病理和标准两种模式下），亚里士多德认为理性是人类独有的特性错了吗？并非完全如此。这位希腊哲学家也是人类心理学的早期学生之一，他对人类思维不断的失败十分了解。他的意思是，人类是唯一能够进行理性思考的动物，尽管实际上这并不是很容易做到的。所以，我们对于人类的推理论证有许多缺陷有清楚的认识是极为重要的，原因正在于此，这个问题在本章已经开始关注，并且，正如我们将看到的，这个问题甚至还影响到我们以最正确的方式运用理性来理解这个世界：科学本身（第8章）。只有始终保持这种清楚的意识和不懈的警惕，我们才能寄希望提高我们的能力，无论大事小事，对任何影响我们生活的事情，我们都能够做出正确合理的决定。我们将此看成是对大脑进行训练，就如同你在健身房训练肌肉一样：我们越充分地利用现有的具体工作方法的最佳知识，这两方面的努力就会取得越好的效果。

第 7 章
直觉与理性
（如何才能做什么就真正擅长什么）

直觉会告诉思考的头脑接下来要做的是什么。

——乔纳斯·索尔克（Jonas Salk），脊髓灰质炎疫苗的发现者

你曾经买过车吗？你有没有约会过？如果你的答复是肯定的，那么你可能会同意，在这两种情况下，人们通常应该表现得大不一样。请允许我来解释这个问题。

当你买车的时候，很有可能你会查阅不同款车的各种评论，按照你的特定需求，把必要条件列出一个清单，访问不同的经销商，亲自试驾不同型号的车，然后坐下来思考所有这些信息，或许同时制作一张表格，帮助你将首选的几款车进行比较，然后，你做出选择并买下这辆车。起码，这是大部分人的想法，认为在购买一辆车时，他们就应该这样做，即使我们当中有相当多的人，当特定的汽车型号令人怦然心动时，很可能最终还是听从"本能的反应（gut feeling）"，经常无须任何理由，只要看起来好看，或坐进去感觉不错（颜色肯定得是对的）。我的观点是这样的：我们认为在购买汽车时，我们应该理性行事，因为这是一项重要的投资，而且对我们的安全非常重要。可是，我们往往最终听从我们的直觉而不是我

们的理智，很不幸（在这种情况下），这一实际情况恰好就是作为人的一部分。

与上述买车的例子相比较，你与某人的约会可能则是另外一种情形。基本上没有人会认为最好的方法是阅读关于对方的评论（在网上约会的今天，我们真的可以做到），或提出我们"必须具有"或"需要避免"的各种品质的清单。这是关于爱情，对吗？邀请别人来吃饭，然后用一只手拿着玫瑰花，另一只手拿着一个清单和一支铅笔（或者一个苹果手机应用程序），这并不是特别的浪漫。这是你应该相信直觉的一种情况，因为这是关于爱和承诺，而不是像买一辆车一样平常的事情。还有，人们可能也会认为决定建立一种恋爱关系远远比买辆车重要（而且，随之会带来更多的后果），更不必说那些人们经常援引的烦扰人心的现代社会高离婚率的统计数据。事实上，难道我们不应该暂且搁置我们体内的荷尔蒙和直觉，相反地，制定出一份清单吗？

这两个例子说明我们对理性的思考（制定清单和做调查研究）和直觉（本能的反应）所持的矛盾态度，实际上，我们不断地听到关于这两种思维方式和它们彼此之间关系的很多无稽之谈。有些人认为自己的直觉获知是全面的，但这个概念是没有根据的。其他人，如最著名的古代哲学家柏拉图和亚里士多德，则认为理性凌驾于情绪化反应（情绪化反应经常与直觉混淆）是必要的。还有一些人，如启蒙哲学家休姆·戴维（David Hume）就是其中之一，他认为理智只是达到目的的一个手段，但是，又认为人类行动的真正内驱力是直觉。

在本章里，我们将要看一看直觉这个问题，以及它与有意识的认知思维是如何关联的，因为我们的头脑是通过这两个渠道来理解这个世界的。直觉和理性认识可以协调合作，使得我们能够做各种有意义的事情。从选择一款对的车到爱上一个对的人，甚而至于无论我们想做什么，就擅长什么；从简单的像下棋到复杂的像学习一门乐器，都完全像做日常工作一样擅长。

"直觉（intuition）"这个词源自拉丁文"intuir"，其意思是"内心的知识"。直到现在，直觉，像知觉意识（见第10章）一样，是科学家们避之不及的，运用直觉会被指责为追求新时期的空谈阔论，而不是严肃科学。哈克（Heck），甚至包括大部分哲学家们，曾经兴高采烈地谈论关于意识的问题，这在历史上远远早于神经生物学的兴起。但是现在认知科学家认为直觉是一套无意识的认知和情感表达过程，这个过程往往难以言传，也不是基于深思熟虑的思考，但它却是真实的，（有时）也是有效的。

首先提出认知的发生有两种不同模式这一概念的是现代心理学之父威廉·詹姆斯，他凭借自己的洞察力很早就提出了现代所谓的双重认知理论。直觉以联想的方式产生：直觉判断似乎不费吹灰之力（即使它确实使用大量的脑力），而且很快。相反，理性思维是分析性的，需要付出努力，所以是缓慢的。那么，为什么我们要使用一个我们得努力工作、结果却并不迅速得出的系统？直觉与通常的经验知识相反，不可能万无一失。认知科学家们把它们当作对一种指定情况的快速评估，在需要进一步检查时所做的临时性假设。有时，在相对信息比较少的情况下，你必须做出快速决定，这样一来，直觉就成为唯一的选择。但是，如果你有条件深思熟虑，仔细研究这个问题，并采集进一步的数据，那么，你的有意识思维会协同你的无意识思维一起，卓有成效地致力于解决眼前的问题。

直觉问题的现代研究首先已经清楚表明的一件事情即是，没有人简简单单就对某事拥有很强的直觉力这种事情。直觉是一个特定领域的能力，所以人们可能对一件事情，譬如医疗实践或者下棋，更多地凭直觉获知，他们就像普通人一样，对其他事物并无如此敏锐的直觉。另外，随着实践特别是很多的实践，直觉会变得更加准确，因为归根到底，直觉是关于大脑对某些重复出现的模式逐渐熟悉后产生的能力；我们越是接触特定领域的活动，我们就越熟悉相关的模式（如医学图表、棋子的位置），并且我们的大脑就会越来越多也越来越快地产生启发式的办法，解决在该领域内我们碰巧面临的问题。

当然，和我们认为或感觉其他一切事物完全一样，我们现在可以确定大脑的哪些区域与直觉（与有意识认知相反）有最密切的关系。这些区域包括杏仁核、基底神经节、伏隔核、外侧颞叶皮层，和大脑正中前额叶皮层，特别是杏仁核的包含物质，因为，就像我们所看到的，正是人类大脑的这一部分与各种情感联系最密切。因为这个联系，直觉伴随着一种强烈的"本能的反应"，认为我们是正确的。从神经学角度来看，直觉反应和情绪反应是不完全一样的东西，但它们共享一些相同的大脑回路，因此难以区分。当我们最终确定自己的直觉证明是错误的时候，比如我们买了一辆有问题的车（出厂后有瑕疵问题的汽车，对于这些车买主希望车厂能负责回收），或者嫁（娶）错了人，事情可能真成问题了。

在克里斯汀·乔丹（Christian Jordan）和他的同事们在劳里埃大学（Wilfrid Laurier University）进行的一项研究中，情感与直觉之间的深层联系显而易见。他们对直觉和内隐自尊之间所存在的信任关系产生了很大的兴趣，人们可以有隐式的或显式的自尊，前者是预测非语言的焦虑指示（例如，皮肤电传导），后者与有意识的焦虑报告相关（也就是说，当一个人意识到焦虑时）。有趣的是，内隐自尊和外显自尊通常是互不相关的，但是乔丹和他的同事们发现，如果人们相信自己的直觉，他们的内隐自尊就会增强，而且内隐自尊和外显自尊会变得呈正相关的关系。相反，如果人们不信任自己的直觉，他们的内隐自尊就会减弱，而且内隐自尊和外显自尊之间的关系就会破裂，或者，甚至变成负相关的关系。

一个人的直觉和隐式自尊之间的这种信任关系不仅仅是相关的：乔丹和他的同事们通过实验的方法能够操控他们的受试者对直觉的信任，他们只不过一边告诉一半的受试者"有明确的证据表明，在生活的许多领域，采用直觉方法做决策的人更为成功"，一边又告诉另一半受试者"采取理性决策方法的人更为成功"，令人惊讶的是，这个简单的暗示启发非常有效：当测量参试者在直觉上的信任度时，果不其然，那些被告知直觉是一种更好的决策指导的人，在其对直觉的信任方面，得分明显地高于那些被告知理性决策更好的人。至关重要的是，受实验操控而对直觉有更多信任的受试者，还显示了其内在自尊和外在自尊增强，后两者成为正相关的关系。

为什么会如此呢？乔丹和他的同事们推测，人们体验内隐自尊时，会将它作为一种特殊形式的直觉，因此，如果他们倾向于相信直觉，一般来讲，他们的内隐自尊就会提升，然而，如果他们倾向于不相信自己的直觉，他们的内隐自尊就会削弱。凭借这些研究发现，我们能够开始理解，人类的行为是多么的复杂和微妙，以及为什么人们如此眷恋自己的直觉能力，而不管对于特定的问题他们的直觉实际上有高准确度。

所以，有许多理由认为直觉是有益的：直觉不费吹灰之力，当我们处理复杂问题的时候，自尊经常为我们提供高效快捷的路径，还有，通过与我们的情感反应相连接，直觉甚至可以增强我们的自尊心。不过，要记住，直觉应该被视为暂时性假设，有待于根据有意识的理性加以检验，如果可能的话（或如果付出辛苦是值得的话），这个观念促使我们提问：人们可否学会协调有限的信任，使之与他们的直觉相符，在情势需要时，进而能够适合全面的认知介入？亚当·奥尔特（Adam Alter）和他的同事们在普林斯顿大学、芝加哥大学和哈佛大学所做的研究给我们展示了有趣的答案线索。

在一些常见的情形中，通常（但不是所有的时候都是这样）当最终结果涉及个人利害关系危若累卵时，或者当他们知道将会需要他们为自己的决定负责的时候，的确，人们会对问题先进行直觉判断，然后转换方法，采用显式分析。然而，迫于时间压力的人，或正在体验"认知负荷（cognitive load）"（换言之，他们同时从事其他非常消耗脑力的工作，感觉力不从心）的人，会依赖直觉，并且不太可能去纠正直觉可能导致的错误。事实证明，我们的大脑甚至还配备了一些机制——一种关于直觉本身的元直觉（metaintuitive）机制，告诉我们（潜意识里）什么时候应该或什么时候不应该相信我们的直觉，如果你愿意相信的话。

奥尔特和他的同事们对他们称作不流畅使用直觉（disfluency）的效果做了调查，这是一种测量方法，用于我们对正在接收的信息感觉舒适程度的测量。结果证明，对于某种事物我们使用直觉判断越是不顺利，我们对直觉的依赖就越少，也就会越多地进行全方位深刻的分析推理。从神经学来说，不流畅使用直觉会触发前扣带皮层（the anterior cingulate cortex），这会激活前额叶皮层（the prefrontal cortex），该区域掌控我们的大部分分析思维。

是什么原因导致的使用直觉不流畅？涉及的因素有许多，其中一些因素非常简单，而且在实验中还方便容易操作。例如，奥尔特和他的团队简单地分别以两种形式给他们的受试者提供关于一个特定的问题或情景的信息：以一种清晰可辨的字体书写或用一种有点难以识别的字体书写（跟进实验消除了这种可能性，即两种处理方式之间的关键性差异表现为随着书写字体的可辨识度降低，只简单地导致理解速度减缓）。收到直觉使用不顺畅书面评述的受试者，对于因此而提供的信息进行更加系统化的处理（更少使用直觉判断），其直接结果就是对测试题目做出了更准确的反应。似乎大脑真的需要让事情变得困难一些，它的更复杂、更费力、更耗时的思考器官才能派上用场！

奥特尔和他的团队所进行的实验甚至发现，自我诱导操纵能够达到想要的目的。他们一方面要求受试对象紧锁眉头，努力模仿某人陷入沉思的表情；另一方面要求对照组受试者鼓起脸颊，假定他们的活动与思考者所做的活动类型并不相干。结果，那些皱眉头做理性思考状的人对自己的直觉缺乏信心，于是花更多功夫进行思考，并因此在测试中获得了更好的成绩。所以，你下一次如果想设法让你的大脑考虑问题更理智的话，就模仿那些做事凭理智而非直觉之人的经典刻板的几种姿势，相应地，你的前额叶皮层会得到这个信息。

实现在直觉和分析思维之间最有成效的平衡，对于我们在日常生活中做出最佳决策显然是至关重要的，事实证明，这种平衡对各种企业（和各政府部门）也是非常重要的。因此，一些作者已经开始关注经理们如何在商界实现这一平衡。直到最近，普遍流行的商业文化对所有可利用的信息，都注重深思熟虑兼直觉使用并举，以取得尽可能最佳的结果。但是，正如玛尔塔·辛克莱（Marta Sinclair）和尼尔·阿什卡纳奇（Neal Ashkanasy）在一篇关于这个问题他们二人合著的论文中所指出的，商业上分析性决策的效率约为 50%。尽管说你可能有充分的理由认为，在处理变量多达几十个的复杂问题时，百分之五十的成功率实际上已经很不错了，玛尔塔和阿什卡纳奇以及其他的研究者还是进行了深入的调查研究，以明晰在商业决策中增加对直觉的重视是否对效率有影响。那么他们的结论呢？商业决策的最佳方法是依照一个综合性一体化模式，统一协调地使用特定领域的（也就是基于专业知识的）直觉和理性思维，正如认知科学家对我们在生活的其他领域的建议一样。看来，对人类大脑的一种更 ——我们可以说"更"吗？——合理的理解以及如何最好地使用大脑，逐渐地并且最终将介于直觉判断和分析思考之间的旧的相反观点取而代之。

到目前为止，在整个讨论过程中，你可能已经注意到，我没有提及性别和文化，你可能会急于要问：女性比男性的直觉力更强，以及亚洲文化更注重整体性思维而非西方的分析方法，这不是众所周知的吗？事实证明，有充分的证据支持后者的概括（尽管我们不知道究竟为什么），而支持前者的，即使有也非常少。我们应该对女性比男性直觉更强的观念提出怀疑的第一个暗示，源自我们先前就意识到的根本没有任何所谓的通用的直觉。我们可以对 X 事物轻易地凭直觉知道，并且对除了 X 之外的任何事物一点儿直觉没有。的的确确，无论是乔丹和他的合作者所进行的调查，还是辛克莱和阿什卡纳奇所做的研究，都没有发现有很多证据证明在直觉能力上存在性别差异。事实上，对长期以来盛行的坊间所传播的"男人来自火星，女人来自金星"的无稽之谈，许多著述者，包括科迪莉亚·法恩在其著作《社会性别的错觉》（*Delusions of Gender*）中和丽贝卡·乔丹－杨在其著作《大脑风暴：性差异科学的瑕疵》（*Brain storm: The Flaws in the Science of Sex Differences*）中都予以彻底的揭穿。但我肯定，这种神话将会流传下去，因为神话总是很容易流传开来的。

跨文化差异情况如何呢？这些都是比较容易验证和量化的，虽然我们只能对这些差异存在的原因进行推测。例如，艾玛·布克特尔（Emma Buchtel）和阿兰·洛伦萨扬（Ara Norenzayan）进行的调查显示，韩国大学生始终认为直觉比逻辑更重要，而美国学生对这两种方法的排名顺序则刚好相反。同样地，研究人员还将欧洲血统的加拿大人与东亚血统的加拿大人进行了比较，他们发现，这两个群体都认为，很直觉的人社交性更强，但东亚人（不是欧洲人）还认为他们更聪明，也更富有理性。

当然，这种研究完全是描述性的。它既不是指令性的（它并不告诉我们哪种方法更有效），也没有因果关系的诠释（它没有告诉我们为什么一开始就有跨文化差异）。到目前为止，就我们看到的，从指令性的角度来看，似乎亚洲人可能会依赖直觉更多一点儿，而西方人将会从更系统的分析思维中受益。对于为什么不同的文化好像都有这些倾向，主要有两种类型的解释，尽管很难想象如何能够凭经验测试其中任何一种（此外，它们当然不是相互排斥的，很可能是相互加强的）。

一种可能性是，与西方文化相比，亚洲文化的特点是具有更多的社会相互联系和相互依存的关系，整体直觉的思维在亚洲的社会环境中更为有效，而原子论分析思维在西方的社会环境中则更为有效。另一个解释是基于历史的：西方思想产生于古希腊哲学，希腊是逻辑和分析的发源地，而亚洲的思想则一直受到儒家和道家传统的影响，如"无为"的思想观念，或不必刻意努力地行动，很容易被解读为一种直觉。亚里士多德和孔子所处的背景环境是不同的，所以，是否因某些历史原因生成了一种特定类型的文化，或者说，某些历史传统是否生根盘踞，很难确定。如果肯定后一种解释的话（我确实认为后一种可能性更大），对于为什么有些人类文化倾向于相互依存，而另一些人类文化则赞同个人主义，我们还是没有给出解释。在本质上（不同种族的基因构成很少有系统性的差异），这种差异源于遗传的可能性极小，因此，在结合历史偶然事件的自然环境中，或许可以找到答案。

尽管如此，企业和政府彼此打交道时，应将亚洲人和西方人对于直觉与分析方法的不同侧重纳入考虑范围。例如，正如布克特尔（Buchtel）和洛伦萨扬（Norenzayan）所指出的，两种传统观念的教育工作者有时相互贬低对方：亚洲一些教育家认为，西方学生解决问题的方法是教条主义和简单化的；一些西方教育者则认为，从逻辑的角度来说亚洲学生不够严谨缜密。

布克特尔和洛伦萨扬认为，这样相互鄙视的结果，最终影响国际间贸易和政府间关系，比如当美国驻世界贸易组织代表抱怨说，他们的中国同行对他们的决定既不解释也不加以证实的时候，对中国人来说，这种抱怨匪夷所思，因为他们对于存在的问题及其解决方案完全视而不见。因此了解大脑如何工作，显然不仅可以影响我们的个人生活，而且还影响在更广阔世界中人类的相互交往。

直觉与有意识的思考，这个问题的另一个方面还影响我们的生活质量，并且，研究表明，它还关系到人们如何把要做的事情做得更好，或者如何做事情才不至于陷入困境。如果你足够幸运，拥有一份自己真正喜欢的工作，那种工作让你盼望起床迎接每一个星期一的早晨；你也可能已经是高高在上的精英人群中的一员，希望更加优秀，想让自己在选择的职业上更加出色，因为这个目标对于你认为你的生活是多么有意义有非常明显的影响作用。不管你做这份工作是因为你喜爱它，或只是因为这是一个很好的方式，可以确保你能够支付你的账单，并供养你的家庭，但把这份工作做得更好确实能够满足更大的需求，还可能保证获得加薪或晋升。或者考虑另一种可能性：也许你的工作对你而言仅仅是一份工作而与其他无关，这就是为什么你喜欢花空闲时间演奏一件乐器，进行一项体育运动锻炼，或从事其他活动来丰富你的生活。即使这样，你在业余爱好上做得越好，你从中获得的满足感就会越多。在这些情况下，你可能想了解有关专家对如何获取专业知识的研究成果。

专家是在一个特定的领域中具有很高的水平的人，无论是医学、法律、科学、象棋、网球或足球。事实证明，当他们以特定的方式使用自己的直觉和有意识的思考时，他们会在自己所从事的工作上成为专家（或者干脆好得多得多）。

关于获取技能的研究表明，大致说来，完全无关乎我们谈论的是一个体育活动还是一个知识问题，人们在完善他们的表现的过程中，往往经历三个阶段。在第一阶段，初学者的注意力仅仅集中在对任务要求是什么的理解上和不犯错误。在第二阶段，人们不再需要这种对任务基本内容的有意识的注意，进而可以达到顺其自然准自动地履行任务，并且相当娴熟的程度。那么，这个阶段是很困难的，大多数人困在第二阶段：无论任何事情，在开始的时候，他们都能够做得很漂亮，但是，人们往往会在尚未取得能够令人自我满足或者换取获得加薪和晋升的外界认可的成就之前就开始止步不前。

第三阶段经常仍然是捉摸不定的，因为最初的改进提高是借助于从有意识的思维到直觉的控制转换——随着工作进展变成自动的并加快了速度，而进一步的完善则要求非常用心地关注仍然犯错误的地方，和高度重视纠正错误。这一阶段被称为"刻意练习"，它与盲目练习或玩耍练习截然不同，想想足球（或橄榄球，或棒球）运动员，就是很好的例子。仅是漫不经心没头没脑地把球踢过来踢回去，或者玩那些没有赌注缺乏风险的小游戏，无论一个星期玩多少个小时，都不能提高自己的技能，因为这些活动对于已经掌握并达到某种水准的技能来说，只是简单地加强其自动和直觉式的游戏玩法。要想使技术水平再提升到一个新的高度，必须专心致志于这些游戏和动作，而它们不是自然而然轻而易举地就能达到的，为了达到目的，必须确定那些问题领域（很可能在教练的帮助下），然后集中精力运用头脑超越直觉和取代已经长期习惯的对付这些问题的方式。这是一个很不容易的工作，它需要在直觉（迅速、自动的）和有意识的思考（缓慢、谨慎小心的）之间有一个良好的平衡。没有第三阶段，好比运动员的技能发展受到"控制"而被阻止，困在一个中级水平停滞不前，很可能会变得越来越令人沮丧，这样不仅损害事业（或者爱好，如果不是职业运动员的话），还影响生活质量（如果这种活动构成一个人生活的重要组成部分的话）。

　　研究人员还计算出在一个指定的领域或活动中技能开发达到简单的熟练程度与实际熟练掌握专业知识大致需要花费的时间。同样，粗略地说，不管我们是在谈论拉小提琴、下国际象棋还是打网球，结果大致是一样的。好消息是，在几周或几个月的时间里，可以实现简单的熟练程度；坏消息是，专家级的熟练程度需要平均十年的实践！国际象棋选手如果不花大约十年的时间从事这项运动的话，在国际赛事中他们就没有足够的竞争力（如果一个人能做到那么高的水平的话，那么需要另外十年才能达到国际象棋大师的水平）。而且，十年（大约的）定律甚至也适用于特别有天赋的人，比如一个神童。

　　为什么是这样？原因是各种各样的，但是，其中两个特别重要：一个人需要开发预测问题的能力，而这反过来，往往不仅仅需要某一特定领域的知识，也需要结构化的知识。例如，对网球运动员的各项研究表明，最好的球员不仅对于他们的对手所发给他们的任何球做出反应，而且，甚至在对手击中球之前，他们就能够预测发球的路线。当然，没有获得这种能力的魔法。这是一种获得直觉技能，由大脑看到足够多的相似情形，然后提取模式，从而有可能预测网球最有可能打到哪里。同样的原理，一个国际象棋选手之所以成为优秀棋手，其原因不是他已经记住了大量具体的在棋盘上棋子的排列基阵，并能够随心所欲地回忆起它们，国际象棋运动员是人，不是计算机，他们不是用计算机的方式储存信息。相反，国际象棋大师长期积累的经验使他获得了结构化的知识，即一种对国际象棋攻略已经内化了的理解，这样的知识有可能让人凭着直觉就知道最可能化解棋盘上任何高难度棋子排列布阵的办法。的确，当国际象棋大师们面对随机的棋盘布阵格局时，也就是说，如此布局在实际比赛中不可能出现，他们不能以任何特定的准确性回忆这样的对阵情形，这一事实表明，他们的记忆是结构化的，而不是棋盘上棋子的简单布局。

　　在人们理解像水族箱这样平常事物的特定情况下，辛迪·梅洛·西尔维（Cindy Hmelo-Silver）和梅拉夫·格林·普费弗（Merav Green Pfeffer）对表面知识和结构知识之间的差异进行了调查研究。他们对四组人如何理解水族箱做了比较：孩子、幼稚的成年人（对这一主题没有特别兴趣的成年人），以及两种专家，对生态学感兴趣的生物学家，喜欢、建造并照顾水族箱的业余爱好者。不足为奇的是，儿童和幼稚的成人对水族箱工作情况的理解，表现得非常简单，常常诉诸一种因果性解释，而且未能欣赏这样复杂的系统。而专家们对一个水族箱的系统化功能却表现出很强的鉴赏力，并且对于影响封闭的生态系统的多种因果关系的途径能够进行描述。但是，辛迪·梅洛·西尔维和梅拉夫·格林·普费弗的调查结果发现了很有趣的现象：两组专家对于他们建造的水族箱的认识也是大相径庭。关于作为自然生态系统缩影的水族箱，生物学家们着眼于生态系统科学的分析，在抽象理论的层面对它们进行了解释。而围绕着与过滤系统和送料系统相关的事物，以及对保持水族馆良好外观和鱼类健康直接起到作用的任何实际问题，业余爱好者们建立了自己的构思模型。因此，人们对事物的认识不仅幼稚的认识和专家的知识之间存在差异，而且，获得专门知识的方法也不止一种，除了受到系统内在特性的影响，还受特定类型的兴趣的引导。

　　但是，可能有人反对说，所有这一切关于提高技能、成为国际象棋大师和出色足球运动员的谈论，肯定都忽略了天赋才华的理念。有些人就是天生擅长某些东西，也有别的人无论经过多少练习，永远都不能去卡内基音乐厅（Carnegie Hall）演奏。但是，正如大卫·申克（David Shenk）在《我们每个人都身怀天赋：为什么你被告知的关于遗传基因、天资和智商的一切说法都是错误的》（*The Genius in All of Us: Why Everything You've Been Told About Genetics, Talent, and IQ Is Wrong*）一书中详细解释的，也许，证明与生俱来的天赋这一概念的确凿证据，非常不易找到。正如菲利普·罗斯（Philip Ross）刊登在《科学的美国人》（*Scientific American*）的一篇文章解释的那样，谈论天才的人反而经常把与生俱来的能力和早熟混为一谈。这二者肯定不是同样的事物：

有些孩子可能显示早期的资质，比如说音乐天赋，但是从那时起，正是练习、练习、再练习，才把他们变成实际上的天才（并把他们带到卡耐基音乐厅）。作为一个科学家，为了我的整个职业生涯，我对先天遗传与后天环境问题进行了研究，我当然不是要贬低一个人的基因构成的重要性，以及它在我们生活各个方面的影响的重要性。但不幸的是，在许多人的心目中，从承认遗传差异，到相信遗传毫无事实依据，再到某种形式的基因决定论，似乎仅有极小的一步之遥。事实上，一种对天赋过于简单化的相信很可能要为很大程度上的人类痛苦负责，包括坚持不懈地开展"科学的"探索试图表明的当某种东西刚好成为助长另一个种族（或男人）成员的利益的事物时，一些特定的种族（或女人）在此方面天生就是劣等的。

　　还有一个问题，我们需要明白什么时间会涉及专业知识，因为它对我们生活的诸多方面都将产生很大的影响。很明显，有一些领域所谓的专家们根本不存在，如果你听信他们的说辞，那么，你就会赔上金钱、时间和情感资源。安德斯·爱立信（Anders Ericsson）在《剑桥专业知识和专家绩效手册》（*The Cambridge Handbook of Expertise and Expert Performance*）一书中提到了一些研究，并举例表明，所谓的葡萄酒专家，当他们不认识正在品尝的葡萄酒的标签时，他们表现得只是略微好于一般的葡萄酒品酒者。知道这些有可能在酒品商店为你节省数百美元，当然，如果更广泛地了解认识其中情况，就可能会动摇数百万美元的葡萄酒产业的基础。同样地，菲利普·罗斯（Philip Ross）指出，有证据显示，拥有博士学位的精神病治疗师实际上没有比拥有硕士学位的精神病治疗师对病人的帮助更大，还有，更不幸的，考虑到最近几年的全球金融动荡，专业股票经纪人没有比非职业者更会挑选绩优股。不过，我相信你已经对此有所了解了。

第 8 章
科学的界限

科学有令人着迷的东西，我们实际上只做了微不足道的投资，却回报了如此大量的推测。

——马克·吐温

"我不是医生，但我在电视上扮演一个医生！""十个医生中九个建议说……"就是这些常用语提醒我们，公众对科学到底有多尊崇的。从关于人类起源和宇宙源头的基础发现，到无数源自科学研究的技术效益和医疗福利，我们有着充分的理由高度重视科学。如果被抽象地问及的话，大多数人确实认为，科学家作为一个群体，值得他们的职业在现代社会中所达到的盛誉。此外，一些科学家的名字甚至已经变得家喻户晓，并且出现在科学领域之外的社会论谈中，从阿尔伯特·爱因斯坦到斯蒂文·霍金、查尔斯·达尔文和理查德·道金斯。

然而，当谈到具体情况时，相当大一部分公众对许多科学思想似乎视而不见或甚至于充满敌意。大约30%的美国人相信占星术，而这一概念在几百年前就已被揭穿。大约40%的人仍然相信神创论，这种思想在超过一个半世纪之前就已经被科学驳得体无完肤。在最近的调查中（2010年3月一项盖洛普民意调查）只有略多于50%的美国人认为气候变化是真实存在的，并且很大程度上是由人类引起的，尽管科学界在这方面所达成的这一共识多年来一直占据压倒性优势地位。将近 20％的人相信疫苗会导致自闭症，尽管唯一宣称这种关联性的论文被证实是一场骗局，而且几十个后续研究均表明两者之间完全没有任何联系。

本章的根本思想是，科学既非神明，也不是应该被傲慢地不予理睬的事物。作为一个社会，我们不仅需要对科学的工作原理 而且需要对科学的力量及其极限都有全面仔细的了解。我们如何看待科学对个人和社会具有重要意义，它影响我们对所有事物的决策，从是否给我们的孩子接种疫苗，到是否投票支持一个愿意制定政策来遏制气候变化的政治家。我们不可能都成为专家，尤其是在许多现代科学的高度技术性的领域中，但是为了人类的福祉，我们理解科学如何工作的原理（偶尔也会不理解），对于以科学的名义提出的声明我们成为明智的怀疑论者，以及我们也尽自己的一分力量来促使社会远离日益危险的相对主义，这些都是至关重要的。珍妮·麦卡锡（Jenny McCarthy）是一位名人，一直在力劝人们不要为他们的孩子接种疫苗，因为疫苗有导致自闭症的可能，她曾说过一句著名的话："我的科学是埃文（她的儿子）。他在家里。那就是我的科学。" 这种声明对于一位痛苦的母亲来说只是引发了尽可能多的同情，但是，事实并非如此，科学不是也不能是通过没有经过技术训练的单个人的亲身体验来完成的。这就像任何人都不应该尝试进行脑外科手术，除了经过高级训练的脑外科医生，并且在设备齐全设施完善的地方。

要了解科学，首要之事是科学推理是我们大家都在使用的一种完善的形式，包括两种基本推理。从这个（有限的）意义上来说，科学确实只是显而易见的常识。我们所谈论的这两种推理类型是演绎推理和归纳推理，让我们一起来看看吧。演绎推理采用了这样的形式：

前提 1：所有的哲学家皆喜欢争论。

前提 2：马西莫是一位哲学家。

结论：因此，马西莫喜欢争论。

就像哲学家喜欢说的，演绎推理注重"保留真实"。也就是说，如果论据的结构是合理的（如同上面那个例子，可以概括为：若 P，则 Q；P 发生了，因此 Q 也发生了。其中 P 和 Q 代表任何有意义的陈述），并且如果这两个前提条件也是正确的，那么结论就一定是正确的。所以基本上演绎论证有两种可能出错误的方式：当它的结构是有瑕疵的（论据不合理）时，或者当其前提条件中一个或更多的不是真实的（论据是错误的）时。

无效演绎推理的例子如下：

前提 1：如果下雪了，那么路面会变得湿漉漉的。

前提 2：路面湿漉漉的。

结论：因此，下雪了。

你能抓住这个问题的症结吗？看看论据的结构会有帮助的：若 P，则 Q；P 发生了，因此 Q 也发生了。请注意与第一个例子的相似度，第一个例子可能会暂时让人不容易察觉出第二个范例哪里不对劲。不过花一分钟仔细想想：显然，路面湿漉漉可能有很多其他原因，例如，因为某人使用大功率的喷水器清洗了路面（如果你住在纽约市，你会马上明白我的意思）。事实上，这种错误是如此的普遍，以至于它都有自己的名称，这就是"肯定后果之谬误"（后果是 Q）。所以，当你看一套演绎推理时，你要检查的第一件事就是，演绎在结构上是不是正确的。

那么实际上是有效的第一个例子情况怎么样呢？其结论正确吗？在这个特定情况下，答案是肯定的：事实证明，我的确喜欢争论（以一个友好的方式，我最喜欢的格言是大卫·休谟所说的"真理源自于朋友之间的争论"）。但此结论对于另一位哲学家则不一定适用。为什么呢？因为虽然第二个前提是真实的（我确实是一个哲学家），但是第一个并不是，因为不是所有的哲学家都喜欢争论。我从个人的经验知道如此，而且我肯定，统计数据可以在此问题上发挥作用。因此，该论证是有效（结构正确）但不健全的，因为其前提至少有一个是不正确的。

就我们自己的生命而言，为什么懂得这些是很有意思的呢？由于演绎推理是逻辑学和数学的基础，这两者比科学都更为严谨。所以，如果我们已经能够用演绎推理（并因而用逻辑和数学）找到有争议的问题，那么，当我们进一步探讨推理的第二个基本类型归纳推理时，情形必定会变得更加有趣：归纳推理。哲学家弗朗西斯·培根是早期现代科学方法理论家之一，他认为归纳推理提供了科学方法的根基。

归纳推理有好几种类型，不过，为了方便我们讨论，我们权且认为归纳推理只是一种不分类别的通用推理，使我们能够从我们已知的事情，推断出我们未知的事情。举例来说，即使缺乏任何天文学方面的专业知识，我仍可以合理地推断明天太阳会升起，因为过去我们有过无数次的观察实例，记录太阳已经升起来了，而且，没有理由相信，过去使这种现象成为可能的任何机制，明天将不再继续。换句话说，归纳推理奏效，因为我们从过去的经验进行外推，来断定在未来发生的事情，而只要在过去奏效的机制（或是自然法则）在未来继续奏效，我们就有理由这么做。基于实证性证据的归纳推理过程，在很大程度上意味着从事科学工作的意义是什么。

然而可以预见的是，归纳推理有个问题，而且是个大问题。这个问题大卫·休谟在 18 世纪第一次指出，而且两个世纪后，伯特兰·罗素所提出的一个思想实验做了最佳例证。罗素要求我们想象一只运用归纳法的火鸡（实际上原创故事的主角是小鸡），有一天被带到一个新农场，在那里它开始做笔记（即收集经验数据），记录发生在自己身上的事情。几天后，火鸡意识到每天早上七点左右人们给它喂食。然而身为一只严谨奉行归纳主义的火鸡，它十分谨慎，它不愿基于少量的数据就对未来做出推论，所以它不断积累更多的观测，同时避免做出预测。最终，经过 364 天的数据收集，归纳主义火鸡最终对它的知识基础感觉很自信，于是大胆预测：明天早上七点人们给它喂食。唉，那天早上恰好是感恩节，火鸡反而被"备料烹饪"送上了晚宴饭桌。

奉行归纳主义的火鸡的悲伤故事阐明了归纳推理的主要问题之一：归纳推理不具保真性（不像演绎推理，如果运用得当的话）。然而休谟的批评，甚至更进一步。他指出，我们之所以认为归纳推理在对世界进行推断上是一个很不错的方法，唯一原因就是因为在过去它是奏效了的。这个观察可能看似绝对正确，直到片刻的反思后我们才意识到，休谟是在说我们支持归纳推理本身便是采用了归纳推理的形式：我们辩称，因为归纳推理在过去奏效了，所以它现在便是管用的，由此应用归纳推理来证明归纳推理本身是正确的。休谟观察到，这正是循环论证的一个实例，即最初级的逻辑谬误之一。如果此谬误没有立刻令你感到困扰，花一点儿时间仔细想想，你会发现，这确实困扰你。休谟的批判等于说，整个的科学事业没有严格符合逻辑的基础！再加上在 20 世纪的早期，许多人（包括伯特兰·罗素自己）未能找到一个逻辑上严密的数学基础。突然之间我们发现自己在考虑一些非常充分的理由，去怀疑数学和科学（顺便说一句，还有逻辑本身）的真实性。

很自然地，哲学家根本不会支持像这样的事情，很多哲学家试图来援救科学（科学家自己通常不太为这类问题烦心，但是可以说，他们本应该为此烦心的）。卡尔·波普尔做了一个大胆的尝试，他认为他想出了一个办法，帮助演绎推理，从而解决归纳推理的问题。他的努力最终以失败告终，但是，有关于科学和哲学的本质是什么，却给了我们很大的启发。让我们来仔细看看吧。

波普尔认为，科学家们真正应该做的是尽力不要去证明，而是尽力去推翻他们自己的理论，他称这个过程为"证伪"。其想法是——不完全因为归纳推理的问题——无论有多少新的事实与之相符，一个人永远不能证明一个命题，因为推翻命题的新证据以后可能会出现。波普尔还认为，一旦一个理论被证伪了，那就是故事结束了，它永远不会在他日重现了。换句话说，科学的进步是因为科学家们知道什么东西无效没用，就会果断放弃，从而越来越接近真理。

这种想法倒是颇有几分吸引力，至少此想法以演绎逻辑推理的应用为基础。想弄清楚这个问题，就先让我们来仔细思考一下下面的演绎论证：

前提一：如果牛顿力学是正确的，那么，光线在质量巨大的物体周围应该有一定程度的弯曲。

前提二：光线在质量巨大的物体周围弯曲的程度大于牛顿所预言的程度。

结论：牛顿力学是错误的。

该论证既是有效的也是健全的。因为它的形式是正确的（若 P，则 Q；非 Q，因此非 P），所以论证有效。因为事实证明，在 20 世纪初天文学家确实发现，光由于质量巨大的物体（如太阳）弯曲至一定的程度，但是这个程度不符合牛顿的预言所述，所以论证健全。结果，他们永久性地抛弃了牛顿力学，转而赞同爱因斯坦的广义相对论（相对论预测了正确的弯曲量）。问题解决了，科学通过证伪的过程奏效，波普尔也顺带地解决了归纳推理的问题。

但情形并不完全是这样。科学的历史为我们提供了大量的实例，证明科学家们的行为没有按照波普尔所说的他们应该遵循的方式，因为他们有充分的理由。例如在 1821 年，天文学家亚历克西斯·布瓦尔（Alexis Bouvard）做了一系列计算并做成了表格，预测在太阳系中当时被认为位于最外层的行星，即天王星的位置。问题是所预测的位置和行星在天空中的实际位置之间存在明显差异，布瓦尔很快地认识到这个问题。根据证伪主义的严格解释，布瓦尔和他的同事们当时应该摒弃牛顿的理论，因为非常显然，牛顿理论与一大套数据互相矛盾不是偶然的。但他们却没有这样做。相反，布瓦尔凭直觉立即知道一个显而易见的答案：肯定存在另一颗行星，并且影响着天王星的轨道，从而导致了此异常现象。几年后，1846 年 9 月 23 日，与天文学家奥本·勒维耶（Urbain Le Verrier）计算出的位置相差不到一度的距离，人们发现了海王星。牛顿的理论（暂且）是安全的，而太阳系已获得了新的成员！

这件事情说明了，科学的实际做法与波普尔首次提出的想法大相径庭，特别是科学家不轻易否决对此有许多已得到证实的证据的假设，即使面对某些已证明不成立的证据，直到他们必须要这么做，而且很可能有了一个更好的也很容易得到的替代品的时候，他们才肯舍弃（牛顿物理学一直挺到相对论的问世）。

托马斯·库恩（Thomas Kuhn，1922–1996）提出了一套思考科学是如何运作的更佳方法，这在一定程度上回应了波普尔的观点（顺便提一句，这就是哲学如何取得进展的。人们分析他人的想法，并揭露其中的逻辑破绽，直到原始的思想要么修改和完善，要么彻底丢弃）。

库恩提出，科学以两种模式发挥作用，一种是负责大多数的日常科学活动，而另一种是解释何时提出新的理论，遗弃旧的理论。对于库恩来说，日常科学是关于"解谜"的活动。科学家们运用一个特定的理论框架，库恩称其为"典范模式"，找寻具体问题的解决方案。举例子来说，一个天文学家应用牛顿典范模式计算那些已知行星（海王星的前身）的轨道，生物学家使用达尔文典范模式调查蝴蝶中特定物种的交配习性，地质学家运用大陆漂移典范模式解释特定化石组群的地理分布，这些经验都属于第一种科学模式。

大多数时候，这种解谜过程会十分顺利地进行下去，实际上就是库恩所谓的"常规科学"。然而时不时地，会出现一些现有的典范模式解决不了的难题。这通常不会令科学家感到困扰，为了继续他们的事业，他们只是接着解决下一道谜题。但是偶尔日益增多的未解谜题也会开始对科学界产生影响。人们开始对典范模式本身修修补补，如果这样做并不奏效，受到质疑的科学研究则进入一个危机时期，只有等到一个新的典范模式得到确认，并被有关科学界接受，科学才会走出危机。这也恰恰是 20 世纪初发生在物理学领域的事情，当时牛顿力学和古典物理学的问题数量越来越多，引发了爱因斯坦的相对论和量子力学。

然而，甚至连库恩的观点也都不是故事的结束：科学 – 哲学家们相继发现他的科学解释上的问题，并依次提出其他有趣的备选。但是这本书不是关于科学 – 哲学的，而是关于如何欣赏科学和哲学的种种复杂难题，以使我们更加见多识广，成为日常生活中更加精通世故的思考者。因此，在试图弄清楚我们是否可以从根本上信任科学之前，我们将转移到关于科学本质的最后一场辩论！

这场辩论就科学的理论问题在所谓的现实主义者和反现实主义者之间展开。让我们先澄清一个可能容易产生疑惑的根源：反现实主义者并不是那些宣称科学是一种幻觉，或科学理论是任意武断的，并与现实没有任何联系的人。事实上，现实主义这个词在此大概是个糟糕的措辞，不过有时标签粘得太牢了，而且使用让研究这些东西的学术界所接受的术语更为直截了当。所以，科学理论的现实主义者认为，科学上的理论按照现实的实际情况描述现实，或极尽人类推理和观察能力尽量接近现实。毋庸置疑，大多数科学家都是现实主义者，相当多的科学 – 哲学家们也都是现实主义者。

例如，当同时身为现实主义者的物理学家讨论电子时，他们不会为了使数据有意义就凭空幻化一个假设建构，而是参照现实中具有电子特征的物理对象，即使我们实际上无法观测到它们（后一点很重要，因为大部分讨论取决于科学中"不可观测"的状态——也就是说，这种理论实体对于理论的有效性很有必要，但不能直接观察到）。

现在，人们可能会想，怎么会有人很认真地怀疑电子的存在呢？当我们打开与电路相连接的开关时，我们公寓的灯就亮了起来，难道不正是因为电子的存在吗？嗯，这是现实主义者对正在发生事情的解释。但反现实主义者会迅速地指出，过去科学家已经很多次假设不可观察事物的存在，这些事物对于解释一个指定现象是明显必要的，却不料后来发现这种不可观察事物事实上是不存在的。以太就是一个经典的例子，19 世纪的物理学家们认为这应该是一种弥漫太空并有可能使电磁辐射（如光线）进行传播的物质。1905 年爱因斯坦提出狭义相对论，终止了以太的必要性，从此这一概念便归入了科学历史的垃圾桶里。反现实主义者们会饶有趣味地指出，现代物理学的特点也是具有许多同样不可观测的实体，从量子力学中的"泡沫"到暗能量，时下的物理学家们就像他们 19 世纪的同行们当时对以太非常有信心一样，似乎对泡沫和暗能量也充满信心。

在反现实主义者一边，最具说服力的论据是所谓的数据无法完全决定理论。要表明任何一组特定的经验主义的观察——对任何科学理论来说都是参考的基本点——和确实无数不同的理论是兼容的，这并不困难，其中很多的理论不会是一个单一理论上微不足道的变化。想要举例说明吗？在过去三十年中，理论物理学一直是一种被叫作"超弦理论"的东西。超弦理论被认为在概念上统一了物理学的两个主要理论分支，即广义相对论和量子力学（在将两者应用到一些相同的现象时，广义相对论和量子力学则做出不同的预测，由此说明，它们存在错误的或不完全的地方）。

超弦理论目前无法在实验中得到测试，因为它没有做任何新的可检验的预测，也不是像相对论和量子力学那样原已存在的理论所做的预测。这真是够糟糕的，因为一个科学理论的品质证明应该等同于其实证的可检验性。但是，真正的坏消息是，超弦理论实际上不是一种理论——超弦理论是一个数学上相关的理论家族，估计有大约十的五百次方个家族成员。那是一个高达天文数字的理论数目（要写出来，你必须写下一个 1，后面跟着惊人的五百个零），而目前我们根本没有办法拥有足够的实验数据在这样一个庞大数目的理论之间做出区分，这意味着任何（或没有）理论都可能是真的，我们也根本无法分辨真伪。

对于现实主义者，现在事情看起来开始比较残忍了，不是吗？但是，他们确实还有一个非常令人信服的对策，它被打趣地简称为"无奇迹"的论证，就像这样，尽管现有可用数据永远不会挑选绝对最佳的理论和那种唯一理论是正确无误的，但是，如果不是一个奇迹，如果科学理论无关乎世界真正的运行方式，那岂不确实很奇怪吗？如果该理论在某种重大的意义上没有真正地描述世界是如何运行的——现实主义者辩论说——像爱因斯坦的广义相对论或量子力学这样复杂的理论，有多大的概率能够预测数量惊人的有关世界的事实，并达到令人震惊的精确程度呢？

然而，反现实主义者反过来会辩称，这恰恰甚至是在最近的过去所发生的事情（一次被生动地称之为"悲观荟萃归纳"的观测）。牛顿力学被认为是物理学中占主导地位的理论好几个世纪，而且今天牛顿力学仍然被用来计算投射物，例如航天探测器的轨迹，而它的确也很成功奏效。但是我们也知道它是大错特错的。尽管有时候有人说，牛顿力学作为一个特殊情况，可能通过数学近似值衍生自广义相对论，但是，牛顿和爱因斯坦所提出的时空潜在概念有着质的不同也是事实。最好只有一个理论可能是正确的，肯定地，不能两者同时为真。即便如此，"无奇迹"论证确实有一定的力量，而现实主义者和反现实主义者之间的争论，一旦我们通过了早前描述的简单层次，便迅速地变得技术性非常强，直到今天，对该领域内的专家们来说，争论仍然未得到解决。

然而，还有第三种方式来看待科学，这种方式认可我在本章中试图探讨的两个要点。一方面，不可否认的是，科学是有效的。科学新发现的确给我们的生活带来实质性的改善，我们也确实因为科学而更加了解宇宙。进化论，量子力学理论和大陆漂移学说不只是理论，它们是理解世界如何运行的方法。汽车、计算机、飞机、宇宙探测器，更不要说人类基因组工程，或者各种医学治疗，我们利用它们以改善我们的健康状况，它们不是依靠魔术以发挥作用，它们也不是见仁见智的各种思想观点。另一方面，大多数科学理论在某个或其他时间点被证明有误也是真实的，这意味着我们没有任何理由相信，当前的理论在未来不会被归置于历史的垃圾堆中。事实上，即使在当代科学中最令人惊叹和最受好评的理论——广义相对论和量子力学相结合所产生的标准模型——也已经众所周知在某些基础方面是错误的。这就是为什么物理学家们继续不停地寻求更宽泛和更统一的理论解释现实最深刻的基础。

那么，我们如何解决科学在某种意义上不可否认的错误与同样不可否认的正确之间这种表面上的矛盾呢？我们可以通过一种所谓"透视主义"的概念来解决。为了理解这是怎样的，首先来考虑一个简单的例子：颜色识别。从某种意义上说，颜色是关于世界的客观事实的结果，以指定波长为特征的某种电磁辐射，按照指定角度辐射在特定的材料上，我们的视网膜捕捉到这样反射的光线，会激发我们眼睛里面的某些色素体，反过来又激活了某些神经路径，其结果是，在大脑进行非常复杂的进一步处理之后，我们看见了某种颜色，如"红色"。不过另一方面，我感知颜色的方式则是完全彻底的主观：颜色归结为第一人的体验，这个体验根本无法以完全相同的方式和任何人共享。此外，你和我可能观看完全相同的对象，却判断它是不同的颜色，因为不同的原因：我们从不同的角度观看，或者在不同的时间并因此处在不同的光线条件下，也许因为我是一定程度的色盲（我真的是），而你不是。换句话说，即使世界上存在影响我们感知颜色的种种不同的客观事实，也还有大量空间来容纳观看世界的种种不同的视角。与电磁辐射和材料特性相关的物理现象划定了什么能和什么不能被特定的色素体和神经元的生物系统感知，但是，后者更加复杂而且多变反而留下了足够的空间用于对所发生的事情做很多主观性的解释。

科学透视主义将同样的概念应用于科学的流程：科学知识既是客观的也是主观的，因为它是一个与实际世界互动的特定思维（人类的观点）的结果。这个结果是说，我们的科学理论会永远都是暂定的，并在一定程度上是错误的（如反现实主义者所坚持认为的一样）；但同时也会在更小或更大程度上获取关于世界实际如何的重要信息，如现实主义者所坚持认为的一样。科学为我们提供了一个观看世界的视角，而不是提供上帝的眼睛对事情的看法。科学给我们一个完全人性化的，因而在一定程度上是主观的但肯定不是武断的宇宙观。

对于一位通过运用理性来增进他或她的幸福感兴趣的聪明人来讲，为什么这些理念都应该具有重要意义？因为更好地认识科学实际上如何运作，会把我们置于复杂的怀疑论的位置上，怀疑论者既不会由于反知识的态度拒绝接受科学，也不会因其表面价值而轻易接受科学家的声明，仿佛这些声明是现代神谕，科学家们的意见就不应该受到质疑一样。太多的时候，关于影响我们所有人的科学类别（气候变化、疫苗和自闭症等）的公开辩论被污蔑涉嫌所谓的阴谋论，阴谋论一方面来自部分科学界，另一方面则来自超越大多数人能力以外的专家意见。科学家们就像任何其他的技术人员一样，在本质上和汽车修理工或脑外科医生没有什么不同。如果你的问题在于你的车子无法正常运行，你就去找个机械技工帮帮忙。如果你的大脑有什么问题的话，你就得去找神经外科医生了。如果你想探究进化演变、气候变化或是疫苗的安全性，你最好的选择还是询问相关的科学家。

然而，正如同汽车修理工和脑外科医生，你不一定会在该业界内得到一致的意见，有时你也许想要寻求第二方甚至第三方意见。其中一些从业者不会是完全诚实的（虽然我想，跨越三个科别这也是相当罕见的），而你可能需要调查他们的动机。科学家不是客观的、像神一样的实体那样分配特定的知识。他们以人文的视角看待事物，包括在他们身为专家的领域中。但是，在其他条件相同的情况下，你最好的选择，尤其是当赌注很高时，还是相信专家的共识，假使缺乏共识，你就最好根据大多数专家的意见行动。不过，也可能出现这种情况，专家们恰好是完全错误的。

对于我们追求过一种充满智慧的生活而言，有一个既很新颖又有特别意义的科学探究领域：认知神经科学。你已见过五颜六色的脑部扫描，你很可能也听过这个说法，研究大脑让我们的一切都有意义。"我的大脑让我这么做的"很可能成为法庭上（诚然很奇怪的一种）的辩护词，你可能会发现自己正担任陪审员之职，必须弄清楚人类行为和动机的大胆新科学的意思。在本书第三部分，我们将考察改变我们生活的意志、我们决策的根源，我们坠入爱河的倾向，甚至还有我们把握友谊的方式。照例，当我们评估以上心理活动对我们的生命意味着什么和如何改善它们时，对上述综合起来的问题，我们会增加一些哲学的思考，以超越经验事实的束缚。

第三部分

我是谁

两种思维

第9章
（有限的）意志力

我一般会避免诱惑，除非我无法抗拒它。

——梅·韦斯特（Mae West）

如果你戒烟有困难，有一个简单的解决办法，至少从潜在的效果上讲是管用的。神经生物学家能迅速抑制你的脑岛——在你大脑左右半球里的大脑皮层的一小部分——瞧，你的烟瘾消失了。不幸的是，神经生物学里没有免费的午餐，所以这个手术可能会有一些令人不快的副作用：你会经历性欲减退，变得了无兴趣，失去带着情感欣赏音乐的能力，并罕见地失去分辨新鲜和腐烂食物的能力。但至少你患肺癌的概率会显著下降！欢迎来到人类意志的奇异世界，这是哲学家们之间的一个古老的讨论话题，也是认知科学界一个活跃的研究领域。

凭个人喜好做决策的能力——锻炼意志——对作为人的意义来讲是基本的。随着我们需要感觉我们的生命至少部分地在我们自己的掌握之中，我们就必须有在不同行动之间做出选择的自由。我们的整个司法（第14章和15章）系统以道义责任的理念为基础，反过来这又取决于我们确实能做自由选择的可能性。如果我们不能，如果我们所有的行动被我们无法控制的外力所决定，那么谈论道德是没有意义的。进一步说，如果感觉不到对自己行动的归属感，那么我们甚至连自己做的事情都不能有意地归功于自己，就像电脑程序没法把击败人类象棋大师称为电脑的胜利。计算机只是按照它的编程执行命令，不能多，也不能少。

自由意志（free will，如哲人所说）或意志（volition，认知科学家们更经常采用的术语）的理念，不仅是我们关于自己和他人的概念的基础，而且，这个理念也与意志力的观点相关。我们有能力做出艰难的抉择，并坚持这些抉择，是何以为人的另一个方面，它使我们对我们当中那些似乎展现了很多这种能力的人产生羡慕，也对表现出这种能力不足的人提出批评。基督教思想关于罪的根源，就是源于我们在天堂居住的祖先缺乏意志力，因为路西法（Lucifer）制造的一个简单的诱惑而堕落。

即使在今天，意志力（willpower）在社会舆论和流行话语中也显得很重要，有时甚至提升到一个近乎神秘的水平。前不久在我写这一章的初稿时，亚利桑那州的美国众议院议员加布里埃尔·吉福兹（Gabrielle Giffords）被一个精神病患者近距离射中头部，这个精神病患者同时也对其他 18 个人开枪，其中 6 人丧命。在她恢复期间，各报纸版面上的报道铺天盖地，大意是正是她顽强的"精神意志"在整个过程中帮助了她，尽管研究清楚地表明，当身体出现严重健康问题时，意志力也会变得无能为力。例如，矢直树（Naoki Nakaya）和他的同事在丹麦癌症学会癌症流行病学研究所对 6 万个研究对象进行了大量研究，并跟踪他们 30 年；他们发现人格特质和癌症存活的可能性之间绝对没有任何关系。而对于像那些心态积极的逸闻趣事，如吉福兹议员的故事，我们可以很容易地找到相对应的故事，他们像她一样努力拼搏，但是在相似的战斗中却以失败告终。

"如果我们足够努力，我们就能克服各种困难"，这样的想法有着黑暗的一面，其致命的后果是，认为如果我们失败了，从某种重要的意义上说，那只能是我们自己的错。这是比如类似朗达·拜恩（Rhonda Byrne）所著的《秘密》（*The Secret*）之类的书籍宣传的那种冷酷无情的荒谬言论，这种言论在一定程度上是通过像奥普拉·温弗瑞（Oprah Winfrey）等名流共同鼓动（肯定地诚心诚意），如今已经普遍流行。《秘密》的基本思想是通过"吸引力法则"以积极的思想带来积极的成果，相反，消极的想法则产生负面结果。不用说，吸引力法则纯属子虚乌有，这是新时代形而上学的鬼话。但是，这个想法很容易转向反方向而得出结论，由于负面的事情发生在一个人身上，他必然是不断地思考消极的想法，所以无论遭遇任何事，都是他一个人的错：受害人反被指责，真是雪上加霜，伤害之外又加侮辱。甚至这个所谓的法则积极的一面可能也是有害的，因为它很容易导致我们忽略那些因好事发生而被称赞的人。例如吉福兹议员的情况，人们应该想到，主要的称颂应该给予给她做手术的医生，和那些后来帮助她渡过难关顺利康复的人们。

当然，所谓积极思考的力量并不是什么新鲜的想法，而《秘密》只不过是此类长长的销售蛇油大军里最新的成员罢了。比如，19世纪早期出现"心理治愈"，在该世纪后期，我们有"新思想运动"，还有在1952年，诺曼·文森特·皮尔（Norman Vincent Peale）的著作《积极思考的力量》（*The Power of Positive Thinking*）出版，大约在相同的时间，当时人们认为女性罹患乳腺癌是因为她们的性欲受到抑制！我可以继续举出更多的例子，但重点是，几百万人可能都被欺骗了，多年来他们认为他们的心智有战胜物质的神奇力量，之后发现被骗取的不仅是他们的金钱，在许多情况下，还被骗取了他们在生活方面做出理性决策的能力。

这本书是写给那些厌倦了荒谬言论的人们，他们想要科学和哲学关于我们的问题能告知我们最好的解答。那么意志力科学说我们实际上能做什么与不能做什么呢？在意志力的认知科学中，最令人着迷的发现之一是，我们明显地缺乏（如果能重复获得的话）意志力的补充供应，我们必须非常节俭，只能在真正重要的事情上使用它。例如，在一个简单的实验中，将受试者分成两组后，要求他们解决一个谜题：第一组拿了巧克力饼干，第二组拿了一些小萝卜。吃饼干那组的研究对象确实比吃萝卜的那组明显表现更好，因为后一组受试者的专注力被拿走一部分，用于锻炼"享受"小萝卜需要使用的意志力。同样，如果你会见某人并共进午餐，又对控制食量感到担心，你可能想径直去餐馆而不是在附近的大型购物中心闲逛，用尽克制给自己买件新衣服或一双新鞋子的意志力后，抵制把黄油涂在大片面包上会变得特别困难。

消耗我们的已经有点微薄的意志力储备的做法清单是很长的，而且不幸的是，它包括我们的日常生活中许多常见的事情：控制食欲，减少饮酒（或再多喝一杯），停止做爱（当我们想要时），抑制我们的情绪反应（尤其是愤怒），甚至包括参加一个像解谜练习的简单测试。因此第一道防线是保持警觉，任何时间都努力避免去抵制两个以上诸如此类（或任何其他）的诱惑。幸运的是，认知科学家们还发现了一些 2400 年前亚里士多德凭直觉知晓的事情（见第 5 章关于幸福主义特别是意志薄弱的讨论）。正如古希腊哲学家表明的，"品德"的本质是心理警觉的练习，所以现代科学研究告诉我们，我们可以提高我们的意志力。要做到这一点的方法是把对待意志力像对待肌肉一样（这显然只是一个比喻，而不是从字面上理解）：你可以通过这样的方法来锻炼，将自己暴露在微小的诱惑中，并成功地抵制它们。例如，你跟朋友出去一起吃饭，他们点了甜点。而你对服务员微笑着点了咖啡或茶来代替，然后从容地啜饮你的饮料，同时，告诉你的大脑不要过多垂涎你餐桌上的邻客纵情享用巧克力甜点的画面。

还有更不寻常的方法可以提高你的意志力，例如，定期锻炼身体，或强迫自己使用不常用的那只手完成简单的任务。从生理的角度来看，意志力似乎是受某些像血糖量一样很基本的东西的影响，事实上，有证据显示，仅是锻炼意志力的行动就会减少血糖，这意味着，迅速提高你的血糖水平，比如测试血糖之前吃块儿饼干，有可能给你所需要的优势。当然，这策略的问题是，复合碳水化合物本身有成瘾性，对你的长期健康特别不好，如果你沉溺其中，然后你还得依靠你的意志力来对抗瘾头。谁说过生活是公平的来着？

话又说回来，你可以采取宗教的路线。迈克尔·麦卡洛（Michael McCullough）和布莱恩·威洛比（Brian Willoughby）在迈阿密大学进行的研究清楚地表明，所谓的内在的虔诚（与只是为了给邻居留下好印象而去教会的人所进行的各种外化形式的活动相反）是体现你的自我约束能力的一个很有效的指标。这确实不应该令人感到很惊讶，考虑到现代的许多宗教，特别是遵照一神论的犹太教、基督教和伊斯兰教的传统的那些宗教，都是建立在锻炼意志力以克服诱惑的理念上。当然，很难辨别从事宗教活动是否会提高一个人的意志力，也很难辨别意志力得到充分开发的一种人，是否受到宗教仪式的吸引并能忍受它。心理学研究表明，信仰宗教的成人和儿童确实更加能够克制他们的行动。神经生物学数据显示，对自我控制起着关键作用的大脑相同区域，在祷告期间也被激活。但不管怎么说，因果关系又是难以建立的。

有趣的是，做一个高尚的人——与虔诚地笃信宗教截然相反——是不够的：认为自己"心灵高尚，但不虔诚信教"（如同现在许多在线交友网站上的标准用语）的人们不会比我们其余的人更擅长于锻炼自己的意志力。宗教体验本身，或者宗教社会提供的社会环境里，有某种东西是非常有效的。不过，世俗当中的我们并非全都是迷失的。之前提到的迈阿密大学研究人员认为，未信教的人们可以通过参与冥想或与祈祷等同的世俗活动，也可以通过加入类似教会的世俗团体来获得同样的益处，例如致力于社会事业的组织。或者，你可以很简单地缴费续订你的健身套餐，以及偶尔地用另一只手写写字。

所有关于意志力的讨论都是以一个基本理念为前提，那就是我们实际上有某种自觉的"意志"。虽然说这个概念自然是极其符合常识的，不过科学和哲学有着肆虐我们常识的习惯，毫无疑问，自由意志的概念本身就是常年的辩论话题之一，最新的神经科学上的贡献让这个辩论变得更加耐人寻味了。让我们先从科学这边的本要素开始。参与我们决策的大脑主要区域是顶叶皮层。我们是怎么知道的呢？那是因为神经学家有时以魔鬼似的方式进行他们的实验。研究人员可以用低压电流刺激顶叶皮层，当他们这样做时，受试者便表达出做某些特别行动的欲望，比如说翻卷他们的舌头。当研究人员提高电流刺激，受试者实际上就真的翻卷他们的舌头了！实验者已经基本上成功地遥控了受试者的意志，引发了受试者想要做的一个动作，这个动作不是因为内在动机，而是因为从外部强加的电流刺激。

如果这对你来说还不够奇怪的话，想想现在我们用什么方法会让我们感到"自主"了一个特定的动作。你也许会问之前那真的是我吗？谁决定翻卷我的舌头的呢？你的大脑处理这个问题的方式是通过顶叶皮层往运动前皮层发送信号的能力，在运动前皮层区域启动你的动作。直到你的运动前皮层发送返回信号到你的顶叶皮层，告知你那个动作确实已经执行了，你才觉得这动作是你自主的。请注意，这个过程只有一部分涉及了实际行动，而且有很大一部分与你从事这个行动的愿望有关系，还有履行了这个动作，和你对这个动作怀有的主人翁意识有关系。你的主观自由意志感存在于这些各个组成部分之中，如果你的大脑中任何相关的地方受到损害的话，你的自由意志就可能会被扰乱。

不过，自由意志是有意识地做出自主决定的真正能力呢，还是更应该说是大脑工作方式的工艺呢？换句话说，我们的决策都是在我们甚至知道是怎么回事之前，就已经在潜意识层面决定了的吗？这种可能性是在一个如今成为经典的实验中提出的，这个实验由本杰明·利贝特（Benjamin Libet）和他的同事在20世纪70年代美国加州大学旧金山分校首先进行，并且至今已被反复确认了许多次。他要求受试者执行按下一个按钮的简单动作，在规定的时间内他们愿意按几次都可以。他还要求受试者关注他们感觉有"冲动"按下按钮的确切时间，也就是他们有意识想要做这个事情的时间。

然后，利贝特测量了受试者有意识地决定按下按钮的瞬间和他们实际按下按钮的刹那之间的时间间隔，两者平均间隔时间约为200毫秒（利贝特表明，受试者报告他们知晓决定的时间在大约50毫秒的合理误差范围内）。到目前为止，一切都正常：受试者决定做一个动作，他们的大脑用大约200毫秒将此决定传达给他们的肌肉，以便执行行动。但是这是奇怪的地方：利贝特和他的同事还通过脑电图测量了什么时间次级运动皮层记录和决策关联的活动。次级运动皮层是大脑的一部分，负责传达最终导致肌肉收缩的初始消息。出乎所有人的意料，在受试者做了有意识的决定大约不到300毫秒时，研究人员就测量到了在次级运动皮层的活动！事实上，最近的实验已经表明，从在颅顶壁层和前额叶皮层的活动开始，到受试者认为他们做出了有意识的决定，两个时间点之间最多能有七秒的间隔。坦白地说，看起来所谓的有意识的决定是一种事后的回想，也就是说，我们只不过是逐渐意识到真正的决定，而这个真正的决定在若干秒之前大脑的潜意识部分已经做出！

利贝特的证据是否绝妙地解释了直觉上的——和强烈情绪支配的——思想，我们是自己的主人吗（精神上）？并不完全是。首先，利贝特本人并没有从他的研究中得出这样的结论。他认为，虽然清醒意识可能没有产生按下按钮的决定（或者做其他任何事情），但它仍然可以在运动皮层给了信号之后"否决"此决定。当然，这意味着我们必须在小于150毫秒里执行否决权，这段时间被用于激活脊髓运动神经元和开始执行该行动。利贝特认为我们都在行动中体验过这个否决权，而且认为这本身就为有意识的意志的概念留下了足够的空间。

然而哲学家阿迪娜·洛丝琪斯（Adina Roskies ）和其他学者们则更进一步。他们指出，利贝特的实验，即使十分有趣，甚至还有些令人不安，但它关注的自觉意志非常狭隘，并且有人为限制的一个方面。例如，在实验中没有要求受试者做任何类似于我们在正常情况下会深思熟虑的事情，没有指示他们清晰地表明选择和提供继续一个或另一个行动的理由。的确，人们可以争辩说，利贝特的实验完全没有讨论自主意志，因为受试者只是简单地被告知，当他们感到按下按钮的冲动时要报告。很有可能，利贝特所测量的完全只是潜意识的冲动到达我们的意识所需要的时间。如果是这样的话，那么在我们清醒地意识到怎么回事之前，所有在次级运动皮层的活动就可以被测量到便丝毫不足为奇了。这无异于有人在知晓确实有障碍物之前便已进行了回避操作，疾速避开障碍物（关于此类"潜意识"行为的其他事例将会在下一章出现）。

虽然哲学家确实很长一段时间一直在谈论自由意志，却没有在自由意志如何运行这方面达成共识。我们必须记住，哲学的目的不是为了回答经验问题（我们已经有科学来应付这个问题，而且科学在这方面的确十分出色），而是要澄清我们的思想。让我们看看哲学检验是否可以给我们一点帮助。大卫·休谟给自由意志下了一个著名的定义："根据意志的决心，选择采取行动或不采取行动的能力"；换言之，自由意志是按照我们深思熟虑的愿望采取行动的能力，或者如印第安纳大学的提莫西·奥康纳（Timothy O' Connor）所说的，"选择一种作为实现某种愿望的方式的行动的能力"。

面对自由意志，哲学讨论的主要问题是确定论。简单地说，这个问题就是：如果宇宙间所发生的一切都是必然因果关系的结果（举例来说，物理定律），那么，从既不受外部的影响（比如环境因素）也不受内部的支配（比如一个人的基因组成）的决策机制的意义上说来，一个人怎么可能有"自由"意志呢？这个问题的三种答案将哲学家们分为三个阵营：兼容主义者（compatibilists），自由意志论非兼容主义者（libertarian incompatibilists）和确定论非兼容主义者（deterministic incompatibilists，注意自由意志论这个词，在这里与它在美国政治中的意思无关）。

兼容主义者认为宇宙是确定的，但他们认为，其确定性本身并不排除自由意志。自由意志论非兼容主义者认为宇宙是不确定的，但如果宇宙真是确定的话，实际情况将会排除自由意志。确定论非兼容主义者认为确定论是真实的，并因此自由意志被排除了。现在，宇宙是不是确定的这个问题可以通过科学来了解，因为我们对宇宙了解的性质是经验性的，现在的科学在这一点上似乎已经给了我们很清楚的答案，虽然给出的答案是一个对辩论没有帮助的答案。如果多数量子力学的最新解释（迄今提出的最准确物理理论）是正确的，那么宇宙不是确定的，因为在量子水平上真的存在随机事件（没有原因且完全不可预测）。

许多神经生物学家和一些哲学家抓住这个观点不放，声称量子力学因此能替自由意志的问题提供科学的答案。不幸的是，这可以说是荒谬至极。即使人们相信量子事件可能会大量涌现及至非常宏观显著的水平，以致发生大脑的化学过程和电流过程由此影响我们做什么，这只能是"随机意志"而非自由意志的一个例子。没有人将自由的与随机的决策联系起来，就好像我们的大脑是一个转盘机，会选择任何与转盘的随机抽奖结果一致的做法。不，我们需要某种其他的方式来考虑兼容主义者和非兼容主义者之间的争论。

自由意志论非兼容主义者的一个著名的例子是法国存在主义哲学家让－保罗·萨特，他说"除了自由本身，我的自由没有限制，或者，如果你愿意，我们没有自由停止做自由的人"。虽然我一定程度地对存在主义感到同情（激进主义的自由与随之而来对人生的责任，是令人陶醉其中的权力授予），可是这想法根本没有用。我们的自由有很多限制，由我们成长的和我们生活在其中的（物理以及文化）环境，以及我们的基因组成加诸我们。生物学和认知科学上非常清楚的证据表明，比如，我们身体的化学机制的偶然事件，会影响我们的性格和行为，并成为我们能做些什么的认知性与物理性的限制，再比如临床上抑郁的人，几乎无法不受约束地"选择"不忧郁，他只能对构成他人生特征的所有决定和行动负部分的责任。实际上，存在主义非常危险地几乎赶上同样恶劣的心态，他们责备我们见到过的与《秘密》和"积极思考"的其他形式有关系的受害者。

第二种非兼容主义接受宇宙是确定的这个说法，并否认自由意志的可能性。它的稍弱版本考虑到了我前面提到的量子学说漏洞，却主张除了真正的随机事件外，宇宙间一切都有一个物理性起因，一个有科学根据的宇宙观，与自由意志的任何方面都完全不相调和。由此得出结论，比如，写作这本书实际上不是我的决定；而是直到我决定写作这本书那一刻在我整个生命中所发生的其他一切事情所注定的结果。当然这也同样适用于你阅读这本书的决定，或者任何我们"决定"的事，从大的决定（就业，结婚），到非常小的决定（起床后从冰箱拿瓶啤酒）。此种类型的非兼容主义的明显受害者是所有道德责任的理念，或对这种事物的任何类型的责任。如果你确实不能选择你做什么，那么，你既不能受谴责（假设你谋杀了某人），也无法正当地受到称赞（比方你忠于你的配偶）。

这种悲观的看法与我们十分强烈的直觉背道而驰，我们的直觉认为我们确实做出了在强烈的直觉的意义上实际上属于我们自己的决定。但当然了，历史上尽是出乎常理的情况——想想"地球是平的"，而且"位于宇宙的中心"这些过去曾经被普遍接受的信条。尽管如此，对非兼容主义者来说的麻烦是，在他所指的自由意志变得越来越不清楚之前，我们只需要刮一刮事物的表面。如果这里"自由"的意思是"没有前因的"，也就是说，与任何物理现象或心理过程是完全分离的，那么这个概念将遭遇在哲学中可能发生的最糟糕的事情之一：无条理。如果"自由"不意味"随机"，也不意味着"不受外部和内部原因的影响"，当非兼容主义者谈论自由意志的时候，简直太难理解非兼容主义者的意思。如此神奇的属性究竟源自哪里？以及它将如何运作呢？

悟性很高的读者已经想象到什么是我个人的最爱：兼容主义。兼容主义者承认，我们的行动必定事出有因，并且他们受物理的、生物的和心理的约束限制或引导。但是，兼容主义者声称，用丹尼尔·丹尼特（Daniel Dennett）的话说，这是一种"值得冀求"的自由意志。在这里没有神奇的挥手就唤起不可能的自由意志，也没有过于简单地、存在主义式地排斥作为人的现实。简单地说，自由意志在这个意义上就是我们考虑信息、平衡欲望并在现有的几个做法中选择一个具体行动的（显而易见地）能力。当然，我们的欲望本身是我们的教养、我们的基因构成与我们人生经验的结果。它怎么可能会是另外的东西呢？当然，我们的推理方式也是所有这些事情的结果。此外，如果说事实并非如此，那这一切意味着什么呢？因此，兼容主义是在不可否认地我们是一种独特类型的生物的事实，和我们自己做决定并因此在一定限度内对我们的决定负责任或为自己的决定受到赞扬的意识二者之间的妥协。

和我们在这本书上讨论的许多其他领域一样，关于自由意志的辩论，也是哲学和科学如何增进我们理解力的绝佳例子。哲学有助于理清概念的问题，而科学有助于解决（如果可能的话）经验的问题。有一些事情是科学无论如何也不能摆平的，尽管有一些科学家的误导言论与此相反。例如，与自由意志有关的神经生物学论文上经常讨论的问题是，决定论的思想在原则上可以通过检查某类大脑信号是否遵循一个明显随机的模式来进行测试。这个建议在不同层次上概念都是混乱的。首先，任何一组经验数据都可能看似随机的，直到我们发现产生数据的因果机制，也就是说，"随机性"往往只是我们标注对某个现象无知的手段。其次，正如我前面解释的，即使有可能排除合理怀疑，显示某些脑内反应是真的随机的，也不会给我们带来实质意义上的自由意志。因此关于这个问题，尽管神经生物学肯定有很多要告诉我们，它仍不能调停兼容主义者和非兼容主义者之间的争论。

另一个常见于神经生物学和自由意志的讨论的错误是认为如果科学能给我们一个对该现象的机械论的解释，那么某些重要意义上，科学就会证明自由意志是不存在的，它完全是关于神经通路的现象。再一次地，这种宣称令哲学家感到离奇。当然不论如何，自由意志的构思都必须有某种形式的神经基础。除非我们谈论的是魔法，否则一切人类的感受和思考，结果都会是以某种方式基于他们的大脑。没有大脑，就没有感情或思想。因此，为现象 X 预备一种机制，无论如何不代表告诉我们 X 为某种错觉；它仅仅告诉我们 X 是如何可能成是人类经验的一部分，因为人类是需要一种物理基质才可以拥有任何经验的生物有机体。

结果还证明，不止一个在神经生物学上可以进行调查的自由意志概念。具体地说，神经生物学家至少区别出以下五种可能性：（一）作为运动活动开始的自由意志，如利贝特的实验所表明的；（二）作为"执行控制"的自由意志，即如利贝特的观点，对于我们的潜意识决策我们仍然有否决权；（三）作为一种所有权感觉的自由意志，我们已经看到这种可能性有自己的神经学基础；（四）作为意图的自由意志，意图指的是哲学家所认为介于考虑和行动（虽然，根据某些人的情况，意图可能是无意识的）之间的表达阶段；（五）作为决策的自由意志，这可能是一个需要数小时或数天的漫长过程，取决于它的对象。神经生物学家至少已经把自由意志的这五方面当作研究的素材，这表明一种非常实际的可能性，就是我们所认为的自由意志不是一个单一的现象，而是一个更宽泛的标签，应用于一套完全不相干的大脑活动。因此哲学说明和科学调查之间的相互作用还在继续。

第 10 章
究竟谁负责?

理性是且只应当是激情的奴隶，并且除了服从激情和为激情服务之外，不能扮演其他角色。

——大卫·休谟

你马上要离开家出趟门了，可是，在开门之前，你要考虑是否应该随身带把伞。那么根据现有的最可靠的信息，就会有一个评估降雨概率的非常理性的方法。举例来说，让我们来做一个假设，你注意到屋外已经乌云密布，而且有一些研究数据（很可能来自互联网）表明，每当下雨，有90%的概率出现这种类型的云。但是，你还发现，当不下雨时，仍然有30%的概率你会见到同样类型的云彩出现在天空中（请注意，这些情况并非统计中的互补事件，所以它们的概率加起来不等于100%）。所以请问你应该带伞吗？

你给出的直觉答案很可能是肯定的，而且你很可能是对的。统计理论表明，在这种情况下评估降雨概率，适当而正规的方法是采取两个概率比值的对数：$\log(90/30) = 0.48$。由于这个数字大于零，你的确应该在出门时带着自己的雨伞。假如概率是反向的 $[\log(30/90) = -0.48]$，其结果将是一个负数，所以下雨的可能性就小了，你最好的选择便是把雨伞留在家里（除非你有潮湿恐惧症，在这种情况下，你就应该在任何时候都随身携带一把雨伞）。

但是，所有头脑正常的人，肯定都不会为了是否带雨伞这样一个简单的决定，去做这种或者更加复杂的计算。蒙特利尔大学生理学系的保罗·契赛克（Paul Cisek）设计合成这个案例，解释了最近神经生物学研究的一个有趣发现：原来，你的大脑神经元恰恰正是专门负责这种计算的，只是你无法自觉地意识到究竟是怎么回事，好像你大脑里的潜意识掌控着你的操作和决策，而"你"（指的是你有意识的自我）只能在事后了解是怎么回事。

契赛克给予评论的这项研究由杨（T. Yang）和沙德棱（M.N. Shadlen）在 2007 年刊登在《自然》（*Nature*）科学期刊上，他们以猴子而非人类作为实验对象，研究动物如何解释符号信息，这个信息十分类似于当观察某些云层时你的降雨概率知识。给猴子两个指定的实物：一个是绿色的，一个是红色的，其中一个与奖赏关联。几何图形表示获得既定奖励的概率预测情况，猴子根据几何图形的方式所提供的线索，来猜测应该选择哪些目标。

举例来说，一个三角形出现时，选择红色目标只有 5% 的概率是正确的（也就是说，与奖励有关），但是绿色目标会提供奖赏的概率是 50%。如果猴子能够进行哲学家所谓的"概率推理"，那么他们就应该把三角形看作一条指向绿色目标的线索。事实上情况不仅如此，而且，研究人员还表明，当提供了更加复杂的线索时，猴子的行为就好像他们正在部署运用概率比的对数概念，这和你用于决定是否出门时带把雨伞的概率推断完全相同。

可是，关于对数是什么猴子并不知道啊。实际上，许多人都不知道或不懂得对数的概念，更别说概率推理所依据的理论了，所以这事儿怎么可能呢？但是，这是可能的！因为你的大脑在完全不需要你的任何自觉意识的情况下替你做了这一切，杨和沙德棱解释说，在特定神经元（称为大脑侧顶叶 [LIP]， 即这些神经元在大脑中所在的区域）的活动和实验中提供线索的概率比的对数之间，存在着非常紧密的相互关系。亦即说，对数的值越高，侧顶叶神经元的活动越剧烈，仿佛猴子大脑中安装有内置式推理计算器，使他们能够最有效地利用现有的信息，并在多数情况下都获得奖励。

在某种程度上，我们所有人曾经都会意识到有个"潜意识时刻"。一个棒球选手正在击打快速球，掷球速度每小时九十英里，他根本没有时间去解答一组复杂的微分方程式，以获知应该在何时何地挥动球棒。然而他的大脑似乎是在没有意识投入的情况下替他做了计算。

事实上，如果意识在棒球运动中是必需的，比赛会比它现在还慢，因为清醒意识需要几百上千毫秒（在大多数运动中都算极长的时间）才能让身体进入挥棒模式。

我过去住在布鲁克林大桥附近，在布鲁克林大桥边上，我必须在一个双重行人交通信号灯的路口横过马路才能到达我的公寓。尽管必须等第二个信号灯也变绿我才可以安全地横过马路，可是，经常地，离我较远的行人交通信号灯总是在离我较近的信号灯之前变绿（因为在大桥的入口处，交通模式很复杂），而此时，我常常发现自己一只脚已经离开人行道了，好像有一个身体内部的自动驾驶仪，看到第一个交通灯变为绿色，就自动地（虽然在这种情况下是错误的）将绿灯等同于"走"。通常我会及时地意识到这个错误的（也是潜在地非常危险的）决定，阻止我的腿进一步向前移动，并在穿越马路前耐心等待第二个交通灯变绿。

我的这个经历帮助解释了利贝特在他著名的 1983 年实验（见

第 9 章）之后几年所提出的一个概念：或许，意识的作用并非不停地进行评估和做出决策，因为实际上在大多数情况下，这样做效率太低以致不可能，而是监测你身体里那个潜意识的活动（它"知道"自己的输出指令），还偶尔行使否决权或重新调节行动的方向，以改进潜意识快速但时常错误的决策。

我们内里的自动工作的潜意识非常有用，特别是遇到像击打棒球或计算降雨概率等复杂工作的情况。问题是，我们越了解我们的潜意识决策机制，我们就越多地发现此机制很容易在没有知会我们的状态下，可以由其轻易地操纵。

在第 6 章中，我讲到一个实验，这个实验显示你的社会保险号的最后一位数字（如果这些数字颇高）更容易让你为某件商品超额支付，在此我们遇到过这种现象的例子，我们称之为"启动效应"。当另一组研究人员指出工作面试（或约会）的结果会受到手持冰冷的或热乎的液体的影响（令应试者或者赴约者产生"寒冷"或"温暖"的反应）时，出现了相同的现象。

直接神经生物学的证据表明，即使我们认为我们正在进行有意识的信息处理，我们的很多决策仍然是由潜意识加工处理信息而完成的。在 2007 年 5 月发表于《科学》杂志的一项实验中，一组神经科学家对同一个电脑游戏的玩家进行了大脑扫描。参与者无论何时看到屏幕上有货币的图像，他们都必须挤压手柄，而且他们被告知货币愈有价值，就要挤压得愈紧（例如，一英镑钞票与一个便士）。这个实验有一个有趣的变化，有些图像清晰可见，持续的时间长，足够有意识地做记录，而其他图像则在荧屏上快速闪进闪出，只能下意识地感知。然而在这两种情况下，当受试者们挤压手柄时，大脑的相同区域，腹侧苍白球，都会被激活。这是令人惊讶的，因为腹侧苍白球是大脑里的一个区域，从进化上来讲，是非常古老的，而且并不参与有意识的思考。这意味着对下意识图像和有意识图像做出的反应，都是在潜意识中就决定了的。前额叶皮层是有意识思考的源头，反而是最后一个获知信息的。

人类心智由数个部分组成，都以半独立的方式工作，有时会使不同部分陷入冲突，此观点当然一点都不新颖。

1920 年，弗洛伊德发表了一篇题目为《超越快乐原则》的论文，在文章中他提出了他的人格三部论理论，这三部分标记为"本我"，"自我"和"超我"。本我对弗洛伊德来说是感官驱动的座驾，尤其是（但不只是）性驱动方面的。超我代表良知与其所包含的社会规范准则。自我是两者之间的中介，调解外部现实施加的种种约束。弗洛伊德的观点没有神经生物学的经验基础（今天的研究显示，在有意识和无意识思维之间的关系上，有一个更为复杂的情况），却反而出人意料地扎根于哲学。

柏拉图在他的两篇对话《斐多篇》（*Phaedo*）和《国家篇》（*Republic*）中提出的"灵魂"概念，或许是最古老的心理理论，它由多个相互作用的部分组成。这两篇对话给了该理论两个版本，那么在此，我将简要地讨论在《国家篇》里明确表述的一个说法，因为这个版本更为成熟，而且，对于我们的讨论也很有针对性。在《国家篇》里，柏拉图的目的，如标题所表明的，并非真正地要研究人类思维的工作方式，而是探索我们应该如何建立一个理想国家的问题。然而，希腊哲学家认为，人类个体是国家的组成部分，他们在国家和人类个体之间画了一条直接平行线，这表明一个公正的国家因其组成部分的和谐平衡关系而有可能缔造，就像一个快乐的人是他的灵魂组成部分之间达成平衡的结果。因此，为了得出关于如何造就一个公正国家的结论，产生了需要分析什么有助于一个平衡灵魂的有点儿奇怪的理念。

古希腊灵魂的概念既多样又复杂，且不一定包括死而复生的想法（柏拉图如此想，但他的学生亚里士多德则没有）。

为了讨论的目的，大致上我们可以将柏拉图谈论的灵魂与我们的（有时同样是模糊不清的）心智概念相提并论。对于柏拉图来说，灵魂／心智中有欲望的部分、精神的部分，以及理性的部分。欲望部分与满足食物、水或性等方面的基本本能的欲望有关。在这个意义上，欲望的灵魂直接类似于弗洛伊德的"本我"。灵魂的精神部分讨论的是自卫本能，也是勇气（积极的方面）和愤怒或嫉妒（消极的方面）的来源。理性的部分，顾名思义，作者在此探讨智慧与更高层次的思想，关注真理问题。在灵魂的精神部分和理性部分之间所做的类比，较之在弗洛伊德的自我和超我之间所进行的类比有点儿不是很明显，但是它们之间的平行相似也不是那么不靠谱。

然而，思考柏拉图的灵魂观之所以有趣的原因，不在于哲学家三分法的细节，却在于各部分之间经常的彼此冲突，以及在它们中存在着重要性的层次划分。对于柏拉图而言，美好的生活只可能发生在灵魂的三个部分处于平衡状态下，而这个平衡点十分肯定绝不是民主（而且，令人并不意外地，也不是他最终在《国家篇》中倡导的理想国家）。相反，在柏拉图看来，理性的灵魂应该是主管地位，在精神灵魂的帮助下约束欲望灵魂。柏拉图将灵魂比喻为战车：一匹黑色野马代表欲望灵魂，侧面是一匹白色骏马（代表精神灵魂），两者均接受战车御者（理性灵魂）的严厉指挥。那么我们就有了一个哲学的——也是生动形象地提出的——关于如何造就平衡的人的理论：这样的人是一个视培养理智重于培养热情作为生活指南的人。

用现代的话来说，如果我们可以把我们对柏拉图思想的解释做一点发挥，那么这位哲学家就会宣称，有意识的思维应该指导并且约束潜意识的本能。然而，正如我们所看到的，虽然比较高等的大脑功能有一定的机会对我们内在的潜意识行使否决权，可是，开始看起来像是柏拉图的马匹指挥战车的御者，而不是反过来。

不过，也许这种事态不是一件那么糟糕的事情。另一个有影响力的哲学家，大卫·休谟（他在柏拉图之后大约 20 个世纪著述），完全颠覆了整个说法，并声称不仅"理性绝不可能独自地成为任何一个有意志的行动的动机"，而且，最有名的那句话是"理性是且只应当是激情的奴隶，并且除了服从激情和为激情服务之外，不能扮演其他角色"。休谟不是非理性的拥护者，事实上，他与一些启蒙运动（也称为理性时代）的法国哲学家是好友，人们铭记他，因为他关于道德问题、政治问题和科学问题所写的文章论证充分，近乎完美。那么，休谟说，理性不仅（事实上）是而且也应该是激情的奴隶，这可能代表什么意思呢？休谟对人性是一个敏锐的观察家，并且，他意识到，我们做事情是因为我们有动机，但是所有的动机皆源于"激情"（情感驱动），而非理性。

做一个假设，我停止在我的笔记本电脑键盘上打字，从椅子上站起来，走近冰箱，打开门，拿起一瓶水，然后开始喝水。我做这一切并非因为我的理性告知我，我如果不做这些我最终就会脱水，失去注意力，并有可能渴死。我这样做因为我渴了，也就是说，我有口渴的感觉，这个感觉由我的大脑表达出来，而依其行动的决定由我内在的潜意识做出。在这种情况下，没有必要调用有意识的或理性的决策决定。

休谟对这一原则进行了概括，把它推广应用到不只是明显的实例上，比如我刚才讲的小案例，还应用于作为人类我们所做的几乎所有的重要事情。正如他所说的："我宁愿毁灭世界也不愿划伤自己的手指，这不违背理性。我选择自身全部的毁坏，来防止一个完全陌生人的半点不安，这不违背理性。我宁愿承认自己的小良善多于自己的大良善，并且对前者比对后者更加倾心热衷，这也不违背理性。"和休谟的思想违反直觉一样，而且也同样地，与源于柏拉图并延续至今的悠久传统根本对立，现代神经生物学似乎证明休谟是正确的，它将理性描绘成了达成我们的欲望而配置的辅助工具，和处在大大低于大脑皮层的产生那些欲望的基础引擎。

休谟又向前进了一步，他非常著名的主张是，道德本身不是由逻辑论证达到的（再次违背了大多数哲学家之前和此后的辩论），相反它是我们的情感反应的产物。让我们来考虑一个例子。今天，大多数人认为奴隶制是人们排斥的，在道德上也是错误的实践，但是在人类历史上，情况当然并非一直如此。现在，实际上人们可以组织一个合乎逻辑的说辞反对奴隶制的做法，并从理性的角度表明它是错误的，但这样的辩论必须依赖某些本身从理性的角度就不易辩论的前提，例如，人们可以说，限制其他人的自由是错误的，或者说我们应该己所不欲，勿施于人。然而，奴隶制的假想辩护者能以他自己的逻辑反击此类论点：要建立一个更强大更繁荣的社会，限制一些人的自由是合理的，或者说，如果我们有权力可以强加于人，那么强迫别人按我们的要求办事是可以接受的，诸如此类。你可能没有发觉这种拥护奴隶制的论点非常具有说服力，但问题是，人们可以合理地争论辩论的正反两面，而且最终，我们的道德观来源于我们对奴隶制的感受，以及我们对那种感受给以详细阐明而不是做判断的论点。

此前（第4章），我们已邂逅这一想法：我们祖先的本能（并由此而来他们的情绪反应）的最初塑形是一个演化过程，道德在这个过程中浮现出来，而且很久之后发展成现代人类社会的复杂行为。很明显，休谟没有想到进化（他著述于达尔文之前），但尽管如此，他大概应该会为此想法感到欣喜的。认知科学有助于阐明哲学概念，事实上，这一领域的现代研究另有一个有趣的例子，再一次设法证明了休谟是正确的。2009年2月，《科学》杂志上发表了查普曼（HA Chapman）、金（DA Kim）、萨斯坎德（JM Susskind）和安德森（AK Anderson）进行的一项研究，出人意外地，该研究将生理上的厌恶和道德上否定联系起来，暗示基本的人类情感和我们更复杂的道德判断之间有可能存在着深刻的联系。研究者指出，表达因为恶劣味道或气味或疾病所引发的厌恶表情的主要肌肉当我们在经历精神上的厌恶时也会被激活，例如，当我们受到不公平对待时。

这种所谓的口腔至道德的假设还是有点投机的，但是，它与进化理论的关键预测一致：进化以先前已有的机制和结构为基础，并为获得新的功能而重复利用它们。

在这种情况下，这种原始反应常见于许多哺乳动物，它们厌恶体验苦味食物，因为苦味食物本质上经常是有毒的。这一概念是说，兼而并用之前已有的"口腔"表达厌恶的惯用做法，并使用大致相同的大脑器官和肌肉组织，对复杂的生物学上危险的（和因此在道德上应受到谴责的）行为如乱伦表达拒绝，因此促进了道德反应的进化。最终的一步应该是再次兼而并用相同的生理机构，表达在道德上甚至更高层次的厌恶，像那些由歧视和不公义行为（例如，在金融交易中受到欺诈）引起的厌恶。

慎重推理和感情冲动之间的联系，柏拉图认为应该受到我们理性自身的监督，而休谟却断定是被我们的激情所控制，当人们受疾病影响屈服于他们的冲动时，此联系可能发生故障。事实证明，大约 9% 的美国人有强迫性行为的问题，导致他们在生活中做出他们很可能会后悔的仓促决定，难以对自己的未来进行规划，或是从事自我毁灭性行为，诸如吸毒和酗酒。

　　神经生物学家知道，冲动抑制位于被称为"大脑背侧前扣带回"的大脑前额叶皮层的区域。你可以把它视为大脑的刹车系统，而且直到青春期结束时它才会完全发育成熟，这可能有助于解释什么是认知科学家称之为年轻成年人的"冒险"行为。有趣的是，基因对大脑背侧前扣带回的工作能力也有影响。举例来说，还记得单胺氧化甲酶基因吗，那个当我们在研究第 3 章伦吉姆·法伦的故事时遇到的与精神病理学有关的基因？该基因产生一种酶，可以减少大脑中的血清素活动，血清素是影响我们情绪（包括我们有多么饥饿，或多么生气）的一种神经传递素。单胺氧化甲酶的变异形式已经和过分的冲动行为紧密连接，促使神经科学家对正常基因情况的受试者做了脑部扫描，对其他具有高风险基因的受试者也做了脑部扫描，当时他们正在参与一个对他们做冲动性决定的倾向进行测试的电子游戏。颇为有趣的是，拥有单胺氧化甲酶高风险变体的那些人，在完全相同的抑制冲动行为的大脑背侧前扣带回也表现出较低活性。

　　话又说回来，这个问题并非都发生在我们的基因中，而且远非如此。放开脑部刹车，从而屈从于感情冲动所产生的结果，比如压力或酗酒和吸毒，同样地可以由我们只能实施部分控制的外部或环境条件产生。外部条件以多种方式与遗传因子相互作用，产生科学家称之为"基因－环境交互作用"的现象，这是一个意外进展，虽然从科学的角度看很有趣，但是让对人们的帮助变得更加困难。

尽管一切如此复杂，对于我们真正应对我们的生活负有多少责任，到目前为止，我们应该怀有一定程度的谦卑，至少，如果"我们"指的是我们有意识的自我。下一章将讨论我们情感生活中最重要也更有意义的组成部分之一：爱，在意识相对无意识部分，情况会变得尤其混乱，这一切将不足为怪。

第四部分

爱情和友谊

两种思维

第 11 章
爱的激素

你不能责怪重力使你坠入爱河。

——阿尔伯特·爱因斯坦

"爱神居住于需求的国度"，柏拉图在《会饮篇》（*Symposium*）中写道，《会饮篇》是关于各种形式的爱的对话，不是从别的人而正是从苏格拉底那里我们获得关于性的忠告！哲学家，当然还有小说家和诗人，数千年来持续不断地创作爱情作品，原因很简单，爱是深刻影响我们生活的基本情感。但是准确地说，因为爱在我们这个物种是一种普遍的现象，人们可能想知道它的进化起源，而且因为它是一种情感，我们也可以问一问，在我们的大脑中是什么机制让爱有可能发生。这些问题带领我们进入仍然很年轻却已经是有争议的爱情科学。

认为将爱情这样一个复杂的人类情感置于科学家的显微镜下，而且这样做不会以显得滑稽可笑结束，或者无论如何最终不会遗漏所发生事情的本质，岂能有人十分严肃地接受这种思想？首先，我们可以利用有味道的T恤衫。1995年，在瑞士伯尔尼大学，克劳斯·魏德金（Claus Wedekind）与他的合作者在鼎鼎有名的《英国皇家学会》议程发表了著名的论文，他们声称，人类女性对身上带有某种味道的男性，显示了明显的偏好。研究人员遵照一个简单的程序：他们要求一些男人好几个晚上穿着同一件 T 恤衫睡觉，然后他们让一组女性闻 T 恤衫的味道，并对她们感受到的气味做性吸引力的等级划分。这听起来像一群疯狂的科学家在胡作非为，但这个实验合乎逻辑：魏德金与他的同事们知道，其他哺乳动物（例如老鼠）对潜在配偶表示出嗅觉的偏好，而这种现象的原因是，个体的气味与他携带的主要组织兼容性复合体（MHC）内的基因有关，主要组织兼容性复合体是免疫反应系统的一个重要的分子工具，我们的身体通过它保卫了自己，免受外部病原体的攻击。

因此，瑞士科学家在他们的实验中给男人和女人的主要组织兼容性复合体分子标记打分数，然后把这些数据与女性基于 T 恤衫气味的偏好进行比较。结果是惊人的：人类行为跟老鼠一样，女性对显示和她们自己主要组织兼容性复合体基因不同的男性，表现出明显更加强烈的偏好。这从进化角度来看是非常合理的，因为具有不同的主要组织兼容性复合体基因的人们交配后，他们后代的主要组织兼容性复合体中就会有更多的遗传变异体，这反过来又提高了后代在感染后存活下来的概率。 这就像有了更广泛的防御武器布阵任你差遣：如果敌人致使一种武器失灵了，你能够随时调度另一种武器。

这是一个有趣的例子，解释了已经在动物系统（老鼠）的情况下得到了证实的进化预测（父母应尽力让他们后代的免疫反应的基因变异最大化），还能预测别的更加复杂的生物体的行为，比如我们自己的行为。下一次你去赴约会时，去靠近你的潜在伴侣并闻闻他来看看你有什么样的反应可能是不错的主意。当然，前提是你的主要目标是要拥有健康的孩子。假如你追求更高深的目标，例如要找到一个可以让你快乐的伴侣，情形会变得更加复杂。然而奉送一句警世忠告：魏德金与他的同事发现，如果女性使用避孕药，她们分辨拥有不同类型的主要组织兼容性复合体的男性的能力就消失了。显然避孕药改变了女人的激素平衡后，在某种程度上也干扰了她挑选微妙气味的能力，致使她不可能表达与主要组织兼容性复合体相关的偏好。所以最好的做法是赴约会时除去化学干扰（不只是避孕药，还有香水），而且可能的话，在几天没有洗澡后赴约。

当然，爱情不能被简化成气味和激素的简单事情（尽管主要组织兼容性复合体研究给人与人之间"化学吸引"的概念赋予了全新的意义），至少从柏拉图开始，哲学家一直在讨论爱情的概念以及爱情对人类事务的暗示。古希腊人划分了至少三种基本的爱情类型。厄洛斯之爱（*Eros*），也就是我们今天所说的性爱，性爱在很大程度上与性吸引力相关。对于苏格拉底来说，性爱是"不完整的"，因为它的特点是永远不满，总是在寻找另一个只能临时但不能永远满足自己的伴侣（后面很快会更多地讨论为何如此，以及我们的大脑实际上如何管理这一情感）。菲利亚之爱（*Philia*），即友爱，是当我们需要或希望与其他人和睦相处时，我们所体验到的一种爱。对亚里士多德来说，友爱包括父母、子女和一生的朋友，也包括了业务往来和政治联盟。最后一种类型的爱，阿加佩之爱（*agape*），无私的爱，在某种意义上这是最纯洁的爱：无私的爱是一种我们无条件感受到的爱，这种爱通向牺牲自我，比如，献祭于神灵（如果一个人相信他们），而且还包括为了配偶或亲密的家庭成员做出牺牲（与友爱的概念在这个意义上重叠），或甚至为了一个想法或追求而付出代价，如对科学和真理的热爱。

现代哲学家继续认真地讨论什么是爱，他们提出了四种不同的但是或许部分重叠的明显有别于古人的爱情观念：（一）爱是一种情感，（二）爱是一种"稳健关注"（robust conceren），（三）爱是联盟，以及（四）爱是珍惜他人。让我们由稳健关注的概念开始。这种爱的典型特征是对他人的幸福有着无私的兴趣，只是由于他或她的缘故，而不是因为我们在这个过程中获得了什么（正如你可能已经注意到，稳健关注的爱令人回想起古希腊人无私的爱的思想）。哲学家加布里埃莱·泰勒（Gabriele Taylor）用又有些枯燥又正式的语言说：

> 如果 X 爱 Y，则 X 想对 Y 好，并与 Y 在一起等，他有这些需要（或者至少其中的一些），因为他相信 Y 具有一些确定性的特性 ψ，他认为带有这种特性的美德值得他对 Y 好，并与 Y 在一起。他视这些欲望的满足为目的，而不是朝向某个其他目的的手段。

好吧，我答应永远不再直接引用爱的哲学的技术论文上的话，因为就是这类东西使哲学家声名狼藉。不过，泰勒说的是，我们不是因为 Y 的特性（ψ）对我们有利而爱上对方（Y），而是因为他们凭借他们自身的因素值得别人珍惜。

同样，在这个意义上，我们离无私的爱已不是很远，这种爱天生就和保留给神的爱是相同种类，因为他们天性良善（而且举例来说，你会拒绝如恶魔般邪恶的实体）。虽然无私的爱这个概念有某种常情上的吸引力，但无疑似乎还缺失了什么东西。如另一位哲学家哈里·法兰克福（Harry Frankfurt）所形容的，稳健关注的爱既非关于情感也非关于意见，而是关于意志：我们以强健的方式爱一个人，因为她按照一套我们赞同的动机和喜好行动。想一想你爱你的上帝，因为上帝是美好的，他的行动也相应地是美好的，但是，如果上帝的行为以邪恶的方式开始，你必然不会爱他。

第二个现代哲学观点所接受的是珍惜他人的爱。其基本思想是，爱意味着珍视他或她本身，我们爱这个人是因为对这个人的评价以此人的高贵品质为中心。如果这听起来有点抽象或是与现实世界脱节，这还真的如此。但是，这里有一个重要的内核是支持这种爱的价值观念的哲学家们试图获得的，这个思想是：一个恋爱对象（一个人）不能简单地替换为另一个具有相似特征的人，因为这将亵渎双方的尊严。想想刚才讨论过的"稳健关注"的概念：按照这种观点，会没有什么能够阻止你"关注"（即爱上）与你现在深爱的人具有相同特性的另一个对象。因此，你可以更换神明或恋人，甚至是在同一时间爱许多神或许多人，只要他们共享同一组特质（ψ）。有些人可能对这一点没意见，但其他人会觉得，真正的爱应该是更加排他的，更少屈服于商品化。如果你与后者意见相似，那么爱情的价值观可能适合你。

第三个现代哲学观点是爱是联盟。这种思想是以爱情为核心的，是两个独立的个体形成另一个集体的联盟，即一个变得比"我"更重要并且超越了每个个体的"我"的"我们"。一些哲学家以清清楚楚的比喻方式谈及这个"我们"的实体，而其他人似乎以更严肃的本体论地位（与存在相关）给了一个总体的评论，仿佛这真的是一个新个体。就爱的价值观来说，联盟的概念试图捕捉大多数已经或正在陷入爱情的人们可以关联的事情：创造一组新的优先级的结果是一对夫妇作为一个单元变得比构成这个单元的个人更加重要，那优先顺序就会重新排列。但是，这其中仍然存在一个问题：人类同时是社会的和相当独立的动物，人们可以反对说，爱情的联盟观以牺牲个人的空间、权利和尊严为代价，过分地强调夫妇的重要性。正如我们都知道的，正是夫妇合体的共同需求和个人需求之间的矛盾冲突，常常是现实生活中夫妻关系问题的根源。

最后，我们转向爱情的情感观。在哲学上，情绪是对感情对象的评估与对该对象有动机的反应相结合的产物。举例来说，如果我怕你，这意味着我已经评估你会以某种方式危害我的健康，这可能还意味着，我准备针对你采取一些行动，无论是防御性的还是回避性的。当然，将爱情视为一种情绪，对非哲学家来说，完全不令人感到意外。但在这儿我们的问题是：人们能以这种方式获得哪一种对此现象的理解？如果我们将爱从根本上概念化为一种情感，会出现什么样的潜在问题？

从爱情的情感理论中哲学家学到一件事：允许区别单纯喜欢一个人与爱上一个人。如果爱这种情感类型是一种独特的比友谊和钦佩引发的情感层次更深，我们就会开始看到为什么那些其他方面的经验是如此明显地不同于爱。根据几位支持爱情情感观点的哲学家的观点，我们与心爱的人共同拥有一个独一无二的叙事历史可以说明大部分这种差异产生的原因：不论他或她在整个生命过程中将怎样发生变化，我们都在不断积累各种事件和情景的共同回忆，而这些是和任何他人无法重复的事情。按照像他们这样的哲学家的观点，这也解释了为什么我们普遍不会第一次机遇来临就"汰旧换新"，为什么我们不立刻更换伴侣，即使当我们遇到有比目前伴侣条件更好的人（称他们为"ψ+"）。

当然，问题是，作为普通社会学观察的事物，人们的确会汰旧换新（或替换同一水平的伴侣，有时甚至降格以求）。情况肯定是这样的，因为各种外部和内部环境的情况，共享的过去不会阻止人们离开他们的爱人。当一段夫妻关系开始后，随着时间的推移，按照各种或许不可预测的方式，人们会有改变，而且这个变化可能会最终成为一个充分的理由，致使这对伴侣做出决定，认为延续他们的关系显得不再有必要。除此之外，如果我们把共同拥有的过去当作强力胶使他们不致分开，我们必须记住，我们也与其他人共享故事，比如朋友和同事们，但是这并不妨碍我们结交新朋友或换个新工作。

今日哲学家讨论的全部四种爱情的重大理论似乎很清楚地有着这样或那样的问题，但他们都注意到人际关系中某些正确的东西。为了开始做出在哲学上令人满意的关于爱情的解释，这些观点的巧妙组合也许是很有必要的。然而从科学－哲学的角度来看，除非考虑到科学在此话题上必须表明的观点，没有其他解释可能是最恰当的。如果最近有任何事物是科学家们在爱情问题上正在发现的，那必定是因为爱情果然是既多层面又复杂的生物情感。

总结爱情科学的一个方法可能会是爱情（几乎）完全是关于激素和激素对我们大脑的影响，以及此影响如何依次转化为我们展现的行为——整个这件事情上零星散布着关于激素－大脑连接的进化起源的合理推测。海伦·费雪（Helen Fisher）是罗格斯大学的人类学专家，在关于爱情的研究和著述上已经有所成就（通过与命名为chemistry.com 的约会网站联手，她已经在她的工作上着眼于以营利为目的的应用）。费雪和她的同事认为，爱情有三个阶段，皆以特殊的神经关联为特征（大脑的不同部位在每个阶段中依次激活），它们由作用于不同的组合的特殊激素控制调节，我们与许多灵长类动物和其他哺乳动物共享这样的基本过程，或至少是哺乳动物中的少数（大约3%的物种），它们形成稳定的夫妻，以抚养它们的后代。

在生活中曾经陷入爱河的任何人都会十分熟悉这三个阶段本身：我们先从迷恋开始（由性兴趣驱动），继续至罗曼蒂克的爱情，接着——如果事情一直沿着这道轨迹——习惯于长期的相互依属（当然有时候，若干年后这个周期和另一个伴侣再度一切从头开始）。有趣的是，费雪和其他人已经能够展示，不仅可以由外部可观察的、社会性结构化的行为界定每个阶段，而且每个阶段还伴随着激素活动的特定变化，这些活动作用在人类大脑特定区域。以下是供你将来参考的激素式爱情简易指南：

阶段	激素水平
迷恋	高水平雄激素，特别是睾丸素
浪漫的爱情	高多巴胺，低血清素
依属	高催产素和后叶加压素

从迷恋过程开始，我们必须记住的是，虽然人们通常把睾丸素与男性的勇猛联系在一起，其实睾丸素并存于男性和女性，并在他们身上会引发相同的结果，至少在性欲方面。这个阶段可以直接地用进化论的词汇来解释：如同理查德·道金斯（Richard Dawkins）曾经恰如其分地表明，你的每一个祖先都至少发生了一次性关系（此想法可能令人不安），否则你将不会在这里了。性冲动倾向于非常广泛的指向，这意味着，我们会觉得有很多异性都具有性吸引力。无论和谁在一起，在社会环境可以接受的情况下，我们都会发生性关系。

然而很快的，（有多快取决于个体特征和社会环境两方面），如果条件合适，迷恋发展成为浪漫的爱情，浪漫肯定不会是维多利亚时代发明的。费雪在自己的著作《我们为什么爱：浪漫爱情的本质与化学反应》（*Why We Love: The Nature and Chemistry of Romantic Love*）中大量使用极具说服力的文学引文，主旨在表明这是跨文化现象，并且从人类文字记载的历史开始就一直有文献记载。我最喜欢的一句经典俗语来自尼泊尔当地农村人："纳索帕尤，玛雅芭尤（Naso pasyo，maya basyo）"，翻译为："阴茎进入了，然后爱情就来到了。"我们中经历过浪漫爱情的人们会告诉你，在人生中这是一个奇怪的阶段：一个人变得完全着迷于他所爱的对象，因她而失眠，总是想和她且只和她在一起。这种反应从化学来说并不奇怪：多巴胺，即所涉及的两种主要激素之一，是大脑中所谓的奖励机制的基础——这与我们做了令人满意的事后给我们一个小小的化学鼓励的机制完全相同，此机制还对成瘾药物，如可卡因，有相应的敏感的大脑受体。浪漫的爱情不夸张地说是一种瘾！另外，血清素在此阶段是第二重要的激素，在浪漫的过程中维持在特别低的水平。众所周知，低水平血清素与强迫行为相关联，并且也伴随着有行为冲动的倾向。听起来很熟悉吗？好了，现在你知道一切从何而来了。

　　不过，浪漫爱情研究的一些最有趣的结果，却是来自动物的体系。它们不能背诵莎士比亚的十四行诗，并不意味着草原田鼠不会朝着自己的配偶表现和人类完全相同的强迫性行为。这并不令人惊奇，既然进化的目的大概是相同的：使伴侣相信你被她的性感魅力迷住了（见上文关于迷恋），她与你分享她的好感，接下来你们的基因可以愉快地结合，并遗传给下一代。现在，假设你在雌性草原田鼠身上注射多巴胺拮抗剂，多巴胺拮抗剂是一种化学物质，可以选择性地阻止大脑摄取多巴胺：结果是她会对当时任何与她有关联的雄性草原田鼠突然失去兴趣！该实验也可以逆向进行：在雌性草原田鼠身上注射多巴胺受体兴奋剂，这是一种促进吸收多巴胺的化学物质。当注射生效时，这会让她对任何刚好在附近的雄性草原田鼠的求偶行为产生兴趣。看起来爱情药水（和爱情解毒剂）的概念似乎不再只属于童话故事（或科幻恐怖故事）了。

最后一个阶段是感觉更平静的类型，取代了最初高水平睾丸素的性冲动和随后多巴胺导向的浪漫痴迷：我们顺利进入稳定的舒适感，并形成长期的感情依属。再一次地，在进化的意义上，这并不需要劳驾一位火箭科学家给予解释，稳定的一雄一雌配对结合是动物物种的典型特征，因为这对帮助父母双方抚养后代大有裨益。至于人类的情况是再真实不过的了，人类新一代需要几年时间才能自食其力。正如我前面提到的，研究人员发现在这里两种激素发挥了关键作用：催产素和血管加压素。再次不出人意外地，两种激素都广为人知地参与了其他物种的筑巢行为。

更令人信服的是，在某些物种中，如猕猴和白足鼠，不存在接受这些激素的大脑受体或受体数量非常少，它们不进行长期一夫一妻的配对结合，而是混杂交配。

这类对于爱情和其他人类情感的化学神经分析，大多数人提出通常的而且有些合理的反对意见，他们认为这过于简单化了。启发了莎士比亚十四行诗的爱情（先别提尼泊尔乡村的当地人的真知灼见），绝不只是源自于化学物质和神经放电的东西。这的确是真实的，却也忽略了一点，那就是化学物质和神经放电与人类行为的许多方面有很大关系，超过了大多数人意识到的或愿意承认的。例如，这里讨论的此类研究还有助于解释会发生的一切，当事情没有完全按照人们的预期进行时，至少在童话故事里，人们会给出一个完美的结局（你知道的，"……他们永永远远幸福快乐地生活在一起了"）。就拿一个显而易见的问题来说，为何浪漫的爱情通常不会持久？研究表明，非常典型地，浪漫情感通常持续十二至十八个月，虽然在个例中，这一时间当然可能更短或更长（这是神经心理学，而不是核能物理，所以只有在广泛的统计意义里这样的陈述才是真实的）。费雪认为，因为我们根本无法跟上压力，所以浪漫的感情不会长久：浪漫的行为是生物学家称作的"新陈代谢性支出"，这意味着浪漫需要花费大量工夫来吸引雌性（无论是否为人类）。不同的物种自然以不同的行为达到目的，就像园丁鸟建筑了精心装饰的安乐窝（然后，一旦雌性同意交配，精致的鸟巢就会被抛弃，换成更为实用的）和人购买烛光晚餐、钻石戒指和房屋一样，其概念是相同的（顺道一提，雄性园丁鸟简直是佼佼不凡：对它那已经能被描述成一个精心制作的单身公寓，它还能继续收集闪亮的物品，甚至涂色来进行"装饰"的这种地步，其行为的唯一目的就是为了使雌鸟着迷）。

通过思考生物学，我们可以理解的人类爱情关系的另一个重要的和明显不像童话的方面，这是让人惊讶的事实，很多夫妻关系并非一夫一妻制或者无法持续一生。统计数据相当清楚：一夫多妻制在超过80%的人类文化中出现。（虽然历史上，无疑只有极少数的男性能够在同一时间买得起多个配偶）。此外调查显示，高达30%至50%的美国人（包括男性和女性，尽管文化迷思正好相反）在他们一生中或早或晚都有过婚外情。最后，不仅开放社会中（那里的人们能更自由地遵循自己的选择和爱好）往往有较高的离婚率，而且这些比率大约会在婚姻第四年达到巅峰。为什么呢？生物学家指出，四年时间的长度大约是人类孩童变得足够自立而不再需要双亲同时照顾。进一步来说，大量的数学模型（和其他物种的经验证据）

显示，男性和女性在其一生中寻求各形各色的性伴侣的话会带来好处，因为这样做增加了他们后代中得遗传大奖的概率。和我们一样，灵长类婚姻的自然状态是一夫一妻制，或有限的一夫多妻制。当然，这无法得出结论说自然状态就是我们应该做的（正如我们在前言中所看到的，这是哲学上著名的逻辑错误）。如果我们选择去对抗强大的生物本能，无论如何，我们需要明白其中的危险和行动的困难：对抗本能会花费我们相当多的意志力，只不过由于我们的思考沿循我们的基因、激素和大脑数百万年前铺就的抵制最小的路径（虽然没有采取行动），我们会经常把自己置于感觉愧疚的位置上。

更好地理解爱情的化学反应也有着更直接、更实际的后果。例如，考虑到越来越多的人服用抗抑郁药物，2007 年疾病控制和预防中心（CDC）发布了一项研究。研究表明在美国，抗抑郁药物使用量在 1988 年至 2000 年间翻了三倍，仅在 2005 年抗抑郁药处方就有 1.18 亿次，并在 2004 年这类药物的总收入创下了 140 亿美元的天文数字（最近几年可供比较的统计数据在写这篇文章的时候暂时缺乏）。当然许多人有很充分的理由服用这些药物，医生也都知道每种药物的一系列副作用，需要依照每个病人的情况权衡副作用与药物带来的益处。但费雪和她的共同作者小安德森·汤姆逊在 2006 年发表了一篇文章，警告说这种药物可能出现了别的副作用。许多抗抑郁药物是所谓的选择性血清素再摄取抑制剂（SSRIs），通过阻止脑部消除血清素达到目的，从而使血清素循环的周期时间更长。这是必要的，因为血清素具有提升人的情绪的作用，从而抵制了心情抑郁。但是，正如我们刚才看到的，浪漫爱情的情感依靠低水平的血清素，因此，无论其外部环境的客观变化如何，使用抗抑郁药物的患者在对他们的伴侣的感觉上可能会体验到人为的改变。

如同越来越多的案例研究显示，这不仅仅是一种可能性。一个由费雪和汤姆逊引用的典型例子，关注了一个开始使用药物来对付抑郁症发作的男人："我对自己已经恢复了健康十分感激，但我发现我平常对生活的热情被平淡取而代之。我对我妻子的浪漫情怀急剧下降。"最后，他（在医生的指导下）逐渐中断他的药物治疗，而他对妻子的感情，仿佛被施了魔法般地恢复了。这当然不是魔术，而是一个有力的证例，说明了科学在针对我们的问题给予我们帮助时，如何往往伴随着利弊的权衡。正是因为这些权衡，生物学家不能在我们做出决定时给我们提供帮助，这就是为什么我们仍然需要哲学家。

我们简要地研究了三种古希腊人所描述的爱的类型以及爱情的四个现代概念哲学还有神经生物学（较小程度上加上了进化生物学）可以在这个主题上告诉我们的事情。我们应该如何把这些显然完全不同的观点和信息片段拼在一起呢？从哲学的角度来看，我们需要认识到，古希腊人的分类试图系统化常见的能代表人类经验的爱情（广义地使用这个词）类型，而现代哲学讨论通常被限制在什么可能会（或可能不会）证明我们对一个人的爱是正确的。因此，两者并非互不兼容。例如，我们可能认识到在友爱和无私的爱之间存在一定差异，但仍然提问，按照把我们爱的对象当作强大联盟、稳健关注或一种特殊类型的情感一样予以珍视，人们对友爱或无私的爱或二者是否完全理解。

哲学尚未与科学产生矛盾：我们现在明白的比起古希腊人所可能知道的还多，比如神经基础和浪漫的爱的进化起源都是例证。关于人类的普通情感和伴随的各种特殊情感以及他们提到的关于情感的机制等存在的理由，生物学家所告诉我们的一切，可以增强并补充作为情感的爱的现代哲学理论，莎士比亚在《如你所愿》（*As You Like It*）中提出了一个著名的问题："爱为何物？"无论是生物学还是哲学，都永远无法替代第一手的坠入爱河究竟是什么感觉的经验，但生物学和哲学肯定会给我们提供很多想法和经验证据，在更广泛的意义上回答巴德的问题，并使用我们的新知识，来进一步增加我们有意义的生命的乐趣。

第 12 章
友谊和生命的意义

智慧给予我们使生活变的完美幸福的所有那些东西当中，最重要的是拥有友谊。

——伊壁鸠鲁

看起来影响我们幸福的事情有着三大要素：我们的"设定值"（set point），我们生活环境，以及我们在现况里积极地做了什么。这种观点来自现代认知科学对幸福的研究。幸福设定值的理念——也就是说，无论你的情况如何，你都能迅速恢复稳定的情绪平静（低，高，或无论什么）——仍然存在争议。实际上有证据表明，尽管一个人的设定值很可能受到遗传和早期发育因素的影响，实际上设定值在人们一生中可能会大幅度地变化。无论如何，数据表明，人与人之间大约 50% 的幸福感差异起因于他们的设定值，另外的 10% 左右源于他们认为自己所处的环境，剩余的 40%，则与他们为增加他们的幸福积极地做了什么有关。这意味着期望突然继承一笔遗产（情况发生变化）根本不可能比出门去交些朋友（主动行为）更能提升你的幸福。

　　哲学家和认知科学家同样承认友谊是人类幸福的基本要素之一。心理学家罗伯特·海斯（Robert B. Hays）将友谊定义为"随着时间的推移，两人之间自愿的相互依存，有意促进参与者实现社会情感目标，并可能涉及不同类型和程度的陪伴、亲昵行为、喜爱和相互援助。"好吧，这听起来有点枯燥，但是，就是一个概念促使了认知科学家进行调查，拥有朋友如何确切地提升你的幸福（你可能还记得幸福是一个哲学术语，用以指一个美好的和充实的生活），他们的研究结果耐人寻味。

　　首先，就像人们可能预期的，幸福受到所有"五大"人格特质的影响：随和、责任心、外向、神经质和率真。也许同样不出人所料的是，神经质让你消沉，而外向性是一个预测你是否会感到开心的非常好的指标。正如默力克萨·德米尔（Meliksah Demir）和莱斯利·伟特卡普（Lesley Weitekamp）进行的研究也清楚地表明，无论如何，友谊所增加的幸福程度远远大于性格的基本影响。同样有趣的并可能违背普遍知识的是性别不受任何影响：根据他们的个性和友谊，男人和女人趋向于同等的快乐或不快乐，他们是男人或女人的事实对快乐没有明显的作用。

　　你可能不会感到惊讶，当你知道友谊对幸福的影响和你有多少朋友无关，却和你在人际关系中感知到的品质有极大关系，特别是有利于幸福感增强的美好友情的是陪伴的程度（当你与你的朋友在一起做事）和自我认可（当你的朋友向你一再保证，你是一个很优秀的有价值的人），可以这么说，其他的一切似乎都不过是蛋糕上的糖衣，锦上添花而已。

　　迄今由于这个原因，友谊的科学研究或许显得有点儿平淡无奇，没有给人留下深刻的印象：我们看到这个研究只是确认并量化了我们大多数人大概凭直觉已经了解的友谊的价值。但科学的力量在于它还可以因为那些在最初看起来令人费解甚至有悖常理的研究结果令我们感到惊喜。举例来说，詹姆斯·福勒（James Fowler）和尼古拉斯·克里斯塔基思（Nicholas Christakis）进行的一个有争议性的研究似乎表明，许多人类行为特征"传播"沿循和传染性疾病同样的动力学特性，只不过是通过友谊的纽带的传播媒介，而非病毒和细菌的媒介物。举例来说，如果你在一生中的某个时间发福了——不考虑其他因素——你的亲密好友会有高达57％的概率也变成胖子。此外，甚至你朋友的朋友也将受到影响，虽然只有较低的20％的概率，而且，你会看到他们的朋友（意思是由你二度分开的人际距离）变得肥胖的概率将升高大约10％。现在感觉到戒掉甜甜圈和去健身房的压力了吗？

福勒和克里斯塔基思表示，同样情况也适用于吸烟（如果你戒烟，你的朋友有67％的概率也会戒烟，他们的朋友戒烟的概率则有36％）、酗酒和抑郁症，而且其产生的效果甚至存在于幸福（意思是主观的幸福感）本身！

这是相当了不起的发现，作者在科学界如期遭遇到了相当多的怀疑（正如我们在第8章看到的，科学就是这样子工作的）。不过用来解释他们的结果的另外一个主要假设似乎极有可能被排除。例如一个可能的解释是，人们不会引起他们朋友的改变，但他们往往只是与相同的人来往（吸烟者与吸烟者、酗酒者与酗酒者来往，诸如此类）。但福勒和克里斯塔基思已经证明这些变化发生在一段时间后——同样地，像一种传染病的传播模式——而不是同时，正如这个解释会做出的预期。另一种已经提出的可能性是，我们有相似的环境，而这些环境往往对我们的行为产生相似的影响作用（举例来说，如果我们生活在一个社区，而其中大部分餐馆都是快餐连锁店，我们就会更有可能变得肥胖）。但是再次地，这个解释实际上导致这个数据的产生：福勒和克里斯塔基思指出，这些影响对朋友有效，对邻居却不管用，而我们大概与他们共享大部分相同的环境。事实上比起我们的朋友，我们更有可能与我们的邻居共享同一个环境，毕竟我们的朋友可能生活在城市不同的地方。不管你喜欢与否，我们的行为使我们对朋友的幸福负有部分责任，不论这些影响令他们的情况更好或者更坏，这都赋予我们更多的道德责任去做正确的事情。这给我们带来哲学家们不得不谈论的关于友谊和幸福的话题。

每次关于友谊的哲学讨论都必须回到古希腊时代，而且特别地要提到亚里士多德。我们已经见到了（在第 11 章）他们界定的三种类型的爱：无私的爱、浪漫的爱和友爱。你可能还记得，无私的爱是一种广义的爱，是那种笃信宗教的人士所感到的上帝赐予我们的爱，或者是一个世俗的人可能对全体人类所拥有的感情。浪漫的爱自然地更关注那种我们对性伴侣的爱情，不过希腊人比我们赋予了浪漫的爱更广泛的意义。友爱在这里涉及我们，因为它包括我们对朋友、家人甚至是商业伙伴的那种类型的爱。这也包括对自己的国家的民族主义的爱，但是那又是另一回事了。此时一个显而易见的问题出现了：爱（如厄洛斯之爱即无私的爱）和友谊（如菲利亚之爱即友谊之爱）之间的区别究竟是什么呢？答案是显而易见的，一般地（不过当然不一定），你与你的浪漫之爱的伴侣发展性关系，但不与你的友谊之爱的好友这样做。然而更微妙的是，哲学家们指出，爱是一种评价的态度，而友谊是关系的态度。这非常合理，你可以爱上一个不回报你感情的人，但若说一个人拥有纯粹单向的友谊，是不合逻辑的。

无论如何，当具体地谈到友谊时，亚里士多德认可三种类型：愉悦的友谊、实用的友谊和美德的友谊。在愉悦的友谊中，你和另一个人成为朋友是因为你们的友谊带来直接的愉快，例如，你喜欢亲近健谈的人，或可以与你一起去音乐会的人等，并和他们成为朋友。实用的友谊是那种你可以从中获得实际利益，要么是经济上的要么是政治上的。实用友谊的概念未必意味着利用别人，首先，优势是可以互惠的，其次，商业或政治关系不排除对对方产生真诚的喜爱之情。不过对于亚里士多德来说，最高尚的友谊是美德之友谊：你因为某人是什么样的人而与他成为好友，换言之，即是因为他的美德（如同在第5章讨论的，对此的理解是按照古希腊人的美德伦理的观念来理解，而不是主要来自于基督教影响的更狭隘的现代观念）。

然而，亚里士多德对美德友谊的理解还有一个问题，这问题似乎也是一个适用于友谊的现代日常观念：如果我们因为喜欢别人的性格而与他建立了友谊，那么据此，我们可能遇见别人，她有更多我们欣赏的地方，因此我们"汰旧换新"完全有道理。哲学家把这种情形称为"可替代性"。当我们讨论爱情时，我们已遇到了这个问题：想必我爱某人是因为她身上的许多特质，包括身体特质和性格特质（身体特征通常不受友谊的约束，这在某种重要的意义上简化了事情）。但既然如此，假使我遇到另一个女人（并且她对我感兴趣），若她与我目前的爱人有相同的特征，只是条件更好，如果我换成了这一个女人，那我将是完全理性的。

虽然这些事情毫无疑问地确实发生了，无论是在友谊关系还是在爱情关系的情形之下，我们可能不满这个人，他冷酷无情认为人类不过是可替代的东西。一些哲学家逃避这种事情的一个办法是指出我们时常因为别人的一些特点而主动爱上某个人，或与某个人成为朋友，但持续的爱情或友情的感觉是建立在我们作为个体共同拥有的回忆之上，无疑地，我们与特定的朋友或情人有着越长的过去，我们的关系就会变得越深厚、越独特。这种"特质加历史"的模式，可能会也可能不会解决可替代性的问题，这取决于你是否认为它具有说服力。作为经验事实，有些人不信这套（假设他们曾经停下来反省他们关系的意义），因为汰旧换新是一种常见的社会学事件。

友谊的某些特征是显而易见的，比如关心他人、感受和表达同情或参与帮助你的朋友或阻止他受到伤害的行动。但是，明确提出一个针对友谊且只限于友谊的特点却不容易，例如，亲密关系是友谊的特点：我们与我们真正的朋友分享我们的生活细节，而不和交情浅薄的普通朋友分享，甚至常常不与我们浪漫之爱的伴侣分享。话又说回来，我们可能会与治疗师分享更加私密的细节，至少某一类的细节，按照友谊这个词的标准意义，治疗师并非我们的朋友（与治疗师的关系是医患关系，所以对于亚里士多德来说，治疗师最多可以是实用之友）。

除了我们在本章前面所看到的科学开始展示的有益效果外，友情为什么很重要？亚里士多德认为，朋友们相互为对方手执镜子，通过这面镜子他们能看到彼此，而以其他方式则不能见到他们，正是这种（相互补偿的）照镜子做法，帮助他们在为人方面提高自己。于是朋友共享相同的幸福主义概念，并互相帮助来实现这一目标。因此，朋友是有益的，不仅是作为手段有助于丰富我们的生活，根据亚里士多德、伊壁鸠鲁（Epicurus）等古希腊哲学家的观点，他们还是所谓拥有美好生活不可或缺的一个部分。当然，另一个重视友谊理念的原因是其社会层面的意义。哲学家伊丽莎白·特尔弗（Elizabeth Telfer）认为，友谊提供了"不能存在于友谊之外的对他人体贴的程度与种类"。

友谊的理念还有着一个更有趣的哲学层面。我们看到第5章有三个主要的道德理论：美德伦理学（最初源于亚里士多德）、结果论（或更狭窄的功利主义，根植于边沁和约翰·斯图亚特·穆勒的哲学）以及义务论（特别是按康德的理解）。我在早些时候的讨论中辩称，人们可以从每种方法中撷取有趣的元素来构建一个更加个性化和更灵活的道德观。然而某些哲学家表明，按照我们的理解，友谊自然会符合亚里士多德式的美德伦理（这毫不奇怪，考虑到所有他关于友谊所说的话），但友谊很难与结果主义和义务论两者调和。这怎么可能，而且这暗示了什么呢？

这个思想是说，美德伦理学与结果主义和义务论之间的一个主要差别是，美德伦理学是一个以个人为中心的伦理观念：道德推理的支点是这个人，她的性格特征，以及她如何与她周围的人们相处。相反，结果主义和义务论是与主体无涉的：两者试图建立一个道德行为的通用标准，并且根据这个标准，人们以相同的方式对待所有个体（例如，穆勒提出的快乐最大化和痛苦最小化的理念，或是康德提出的绝对命令，即如果行为成为普遍规律，只参与个人可以接受的行为）。那么，问题是，根据定义友谊是一种关系，在这个关系中我们对某个特定的人有一种特殊的道德偏好（这也适用于那种浪漫之爱的爱情，以及那种我们对自己的家人的友谊之爱）。例如，忠诚于一位朋友，以有可能与我们对其他人的普通责任相冲突的方式帮助朋友，亚里士多德是不会觉得有任何问题的（当然是在一定范围内，这么说吧，他仍然不会允许一个人为了朋友去偷窃或杀戮）。在另一方面，如果有人要求在更广泛的道德体系范围内证明某人对朋友的特别关注是正确的，穆勒和康德也会有些茫然。我不确定这个论证足以令人相信美德伦理学超过了与其竞争的道德理论，但是，当你从哲学推理带给我们的不同选择中创建了你自己的道德体系时，这种论据值得思量。目前，如果没有对虚拟朋友和社交网络这样的 21 世纪早期现象的简要讨论，我们根本不可能有一篇关于友谊的章节。让我们从 2007 年发表在《新亚特兰蒂斯》（*The New Atlantis*）的一篇文章开始说起，克里斯汀·罗森（Christine Rosen）在文章里写道："德尔斐神谕（Delphic oracle）给出的指导方针是了解你自己。今天，在线上社交网络的世界里，神谕也许会变成秀出你自己。"这句俏皮话令任何有哲学倾向的倔强老头和其他各式卢德派信徒（Luddite）感到愉悦，同样地，我认为，反映社交网络实际上正在发生的事情的讽刺漫画太过多了。

毫无疑问，社交网络是一个全球性现象并且范围程度令人震惊：2004 年 2 月才推出的脸书，到 2011 年 1 月，在总共约 20 亿全球互联网使用者中，共计约有 6 亿用户。当然如此的参与水平，反映了人们的强大愿望：必须向世界展示自己，必须沟通交流，没错，参与（大部分是无害的）社交，敢于暴露、宣传自我。但这个现象，是否就如斯莱特（*Slate*）评论员迈克尔·金斯利（Michael Kinsley）说的那样是"唯我主义的超大型庆祝活动"呢？再次地，这个评论似乎太快和太过于轻率了。罗森和金斯利两人都速速打发了一个典型的古老渴望的现代转世：人类一直有着共享社会信息的需求（通常被轻蔑地称为"八卦流言"）。毕竟，把我们与其他灵长类动物区别开来的，并非是我们社会化了（黑猩猩和猕猴亦如此），也不是我们交流沟通（鸟类、群居类昆虫以及无数其他物种也会相互沟通），而是我们通过语言交流复杂的零散信息。在互联网时代，社交网络已经使几年前在一定程度上还难以想象的事物成为可能。

1967年，心理学家斯坦利·米尔格拉姆（Stanley Milgram）进行了一个著名的实验，其结果变成了以"六度分离"为名号的标准社交学问。他调查了在美国境内寄送的一封链式信（要求收信人看过后复写成若干份发寄给他人，并以这种方式不断扩大收信人范围），要达到预先设定的特定个人目标，需要多少个链接。平均来说，这个数字为5.5。该实验在电子邮件的时代，哥伦比亚大学的邓肯·沃茨（Duncan J. Watts）又重复了一次，并将目标扩大到全球范围。其结果大约相同：五到七个连接。然而有趣的是，米尔格拉姆和沃茨证明的并非是我们和比如说凯文·培根（Kevin Bacon，著名演员）"相差六个朋友的距离"，而是要达到预先设定目标的最有效的方式就是通过不常联系的熟人，也就是社会科学家们所说的"弱联系"，而不是通过朋友。相应地，通过社交网络传播最好的信息种类与通过弱联系散布顺畅的信息是相同的类型，弱联系包括时尚、八卦、谣言，还有有趣的报刊文章、广播、书评、电影、事件或观点的链接。

这些结果清清楚楚地指向，为什么对社交网络做夸张的评论。脸书（Facebook）、推特（Twitter）、谷歌+（Google Plus）等类似产品实际上并不意味文明的终结，像我们所知道的那样，它们之前的电视、电影甚至是印刷机也没有如此（当然，总有恐惧散布者和灾难预言者，在所有其他的场合也不倦于发声）。不过社交网络本身肯定也不会启动革命、解决气候变化问题，或能显著改善任何一个人类面对的众多现实问题。这些新的工具一直在做的仅仅是帮助我们与没有生活在和我们同一个镇上的朋友和家人保持联系，尽可能地向我们介绍一个比我们本来可能接触到的更大的社交圈子，还有，让一些我们自己可能会错过的有趣新闻条目在我们的屏幕上出现成为可能。所有这一切都给我们的生活做出了意义深远的贡献，但这一切也不会从根本上改变我们是谁，我们是怎么想的，还有最重要的，我们会如何行动。

另一件社交网络不会做的事情，是给你带来朋友，无论你的"好友"名单有多么长。正如克里斯汀·罗森在她的文章中讲的，"公共友谊的想法是自相矛盾的"。亚里士多德肯定应该同意，一个人根本不可能有几百个或上千个朋友，因为友谊是建立在相互信任和亲密性基础上的，需要大量的时间上的投资。此外，朋友不可以（或不应该）被"管理"或"编辑"的。这就是为什么，下一次你与一个实际的朋友外出共进晚餐时，你真的应该讨她欢心，克制自己，不要去不断查阅你的虚拟熟人的动态，而应该等到你回到自己家中的私人空间后再做这些事情。如果某人是你的朋友，至少从你那里，她应该得到一个星期几个小时的一心一意的关注。

第五部分

在你内心的（政治）动物

两种思维

第 13 章
论政治

政治是一门寻找麻烦、发现麻烦、误诊麻烦，然后滥用错误治疗方法的艺术。

——格劳乔·马克思（Groucho Marx）

我们的老朋友亚里士多德说过一句著名的话："人是政治的动物"。根据现代科学，我们不是唯一的政治动物，至少，对灵长类动物学家，亦即《黑猩猩政治: 猿类社会中的权力和性》(*Chimpanzee Politics: Power and Sex Among Apes*) 的作者弗兰斯·德·瓦尔（Frans de Waal）来说，我们不是。然而从亚里士多德到瓦尔，哲学家们和科学家们都一致同意，对于我们的社会生活来说，政治是最根本的，因此，在我们寻求聪明人引导我们取得成功生活的过程中，政治是一个我们需要检测的话题。

哲学家和政治学家往往从理性的角度考虑政治，思考群众对这个或那个政治职位或意识形态的论证与相反的论点可能做出怎样的反应。但是事实证明，当我们思考政治时，大部分在我们头脑里发生的事情，鲜与理性有关，却反而与性格有很大关系。所以，我们打算首先探讨从生物科学和认知科学获得的关于人类政治的一些最新发现，只是想把我们带入思考的氛围。

　　举例来说，道格拉斯·奥克斯利（Douglas Oxley）和他的合作者已经表明，在人们的政治态度——对待所有事物——和他们的生理特征之间存在有联系。让我来解释一下。就他们在十八个议题上的政治观点，研究者问了许多受试对象一些问题，然后根据他们对"保护性政策"所表现出的强或弱的偏爱，将应答者分成两组——他们是否赞成有关移民、枪支管制、国防、对外援助等不同的职位，这些职位典型地与保守的（高偏好）或自由（低偏好）的观点有关系。然后，他们又给这些相同的受试者测量了他们对威胁性图像的皮肤电导反应，以及他们对突然大声喧哗的惊吓反应。皮肤电导和惊吓反应这两者都是用于个体对威胁做出的情绪反应的生理测量法，而且两者都不能被有意识地控制。

　　结果有点骇人听闻。简单地说，保守主义者而不是自由主义者对威胁图像和大量噪声反应强烈，这意味着这些人在生理上不只是在意识形态上或理性上对威胁更为敏感。想想这意味着什么：人们也许会获得某种总体上的政治意识形态，这并不是通过处心积虑，而是因为他们个人心理上的基本方面（无论这些方面是如何形成的）。还有更多的在可以被视为后续的研究中，以金井良太（Ryota Kanai）为首的不同研究小组最近公布了新的发现：在总体大脑解剖的水平下，人们可以清楚地看到某个东西像这些相同的心理差异一样。事实证明，自由主义者往往拥有加大的前扣带皮层，而保守主义者拥有大型的杏仁核。这是什么意思呢？前扣带皮层与处理互相矛盾的信息的能力有关系，而杏仁核处理对威胁的反应。你可以从这项研究得出你的结论，但我提醒你，在整个本章的其余部分，你将看到科学的证据，支持关于自由主义者和保守主义者的许多常见刻板印象（细致到他们更喜欢在卧室里有什么种类的物品）。

　　当然，我们不应该从这些研究发现中得出一个这样的结论，即存在一个像保守主义者（或自由主义者）基因的东西，使得人们以某种方式思考，管它什么证据和理由什么的。幸运的是，事情比那复杂得多了。确实，在某些方面，行为差异（如政治观点，或对威胁的反应）可以追溯到人类的大脑这压根不会令人惊讶。还有什么其他地方可以让我们找到行为差异呢？仅仅因为大脑之间有着生物学差异并不意味着这些差异是基于遗传的（混淆生物学与遗传学是一个常见的错误：几乎所有人类的行为都属于生物科学，但并不是全部的人类行为都必须与遗传有关）。即使研究人员发现在大脑之间存在某些遗传基础的生物学差异（有一些生物学差异可能如此的暗示），几乎可以肯定的是，他们也不会归结为少数基因对于复杂行为，比如政治观点，具有直接的和不可撤销的影响。尽管如此，政治开始看起来像是另外一个基本人类特性之一（道德则是另一个，详见第 3 章和第 4 章），此特性可追根究底探究我们究竟是什么样的生物类。

　　无论保守主义与自由主义二分法的以科学为基础的分析可能多么有趣，这些分析经常过于相信越来越多政治科学家视之为过于简单化的政治形势观点的东西。事实上研究表明，20 世纪 90 年代和 21 世纪前十年，美国出现了奇怪的发展趋势：一方面，两个主要政党的立场日益两极化，而另一方面，美国人民对于关于政治选举的各种问题，如果有的话，已经有了更多的共识。一项由迪莉娅·波达莎莉（Delia Baldassarri）和安德鲁·格尔曼（Andrew Gelman）进行的研究发现，在一些事项上，一半的共和党人不认为自己是保守的，只有 12％ 的受访人同时认为自己既是共和党人也是保守派，并且反对堕胎。民主党人也有类似的结果（其中只有 36％ 的人称自己是自由派），高达90%的人拥护对堕胎的非自由主义观点、支持对黑人援助和政府干预的政策。很显然，我们从新闻媒体获知的美国政治形势的简化境况有不妥的地方。

这些数据暗示一个更微妙和更耐人寻味的情势：自从20世纪60年代和70年代的政治大改组以来（当时民主党因为支持公民权利而"失去"了南部），明显发生的情况是，政党自己更擅长"分拣"（使用了波达莎莉和格尔曼的术语）选民了，也就是以这样或那样的方式引导人们参与投票，尽管在人们的政治观点和党派的纲领之间，其相关性可以证明很低。例如，所讨论的这项研究表明，在当今时代，党派联盟和政治问题之间的关联性每十年就增加百分之五，使得两个政党作为人们关心的问题的代理人更容易被识别。例如，如果在堕胎问题上，你"主张保护胎儿权利"，你越来越多地意识到你需要把选票投给共和党，然而如果你"提倡堕胎合法"，你知道你最好的做法是与民主党站在同一阵线。政治科学家还发现了，议题本身之间的相关性在同一时期几乎完全没有改变，结果加大的党派偏见并没有伴随意识形态联盟而增强，这与媒体过分简化报道所助长的民意相反。

同一位作者，迪莉娅·波达莎莉和她的合作者阿米尔·戈德堡（Amir Goldberg）发表了后续随访，在随访中，他们调查了政治信念网络的性质。再次地，他们寻求着人们如何在政治上思考的证据，而不只是过分相信简化的保守主义者与自由主义者的两极主义。他们最起码发现了三极主义的证据，这个证据有助于理解在美国其他方面越来越令人费解的政治演讲（我怀疑其他西方国家也是一样的）。由波达莎莉和戈德堡所发现的三极主义的结果来看，就政治态度而论，广义上讲人们可以分为三类。他们称之为"思想家"的这类人很容易使用与我们通常认定这两派非常相同的方式，确定自己是保守主义者或自由主义者（在这个意义上，我是自由主义的"思想家"，所以我倾向于赞成实实在在的社会福利计划以保护穷人和老人，以及扩大公民权利，以保护传统的和非传统的少数群体，比如同性恋者）。被作者称之为"选择派"的第二类不是那么容易下定义，因为他们把道德和经济态度分离开来（举例来说，他们可能在社会事务上是进步的，但在经济上是保守的，或者相反过来）。最后，第三组被称之为"不可知论者"，因为其成员倾向很少表现各自不同政治信仰的团结一致。

　　然后，波达莎莉和戈德堡调查了个人的社交身份在使某人成为理论家、选择派或不可知论者上起到的影响作用。又一次地，调查结果与标准故事不一致。例如事实证明，如果高收入的人们属于思想家一类，他们往往倾向于在道德上保守，但是如果他们是选择派中的一员，他们会是道德上的自由主义者。此外，没有坚定宗教信仰的人如果也是高收入者，会是选择派，然而坚定的宗教信仰者也是选择派，但是他们是低收入者。更复杂的是，高等或者低等教育水平（但不是中等水平）的思想家倾向于认同民主党，而选择派中，更多的教育意味着更大的成为共和党的可能性。你现在头晕了吗？你能明白为什么这样的调查结果不是很适合安插在晚间新闻一两分钟的简短片段中吗？然而，这些结果意味着，对于理解政治观点，如果我们是抱着严肃认真的态度，我们必须开始承认，世上没有简单的方式能将某人的意识形态和他们的收入或宗教虔诚连接起来。这里还有个隐蔽要点：当其他条件不变，人们面对与自己的喜好不完全吻合的立场组合，必须在其中做出选择时，他们往往会倾向于保守，这可能会给共和党（大概还有西方世界其他保守党派）先天的优势。这种优势可以解释许多政治科学家总是考虑的一个悖论：大多数美国人在许多问题上明显地与民主党的观点更一致，但是却往往更多地投票给共和党。

如果在民间有比人们期望来自两党制更丰富的意识形态的变化，所讨论的党派怎么设法将这个辩论两极化呢？一种方式是通过我们在第6章已经遇到的在不同背景下的一个办法，而且是每个聪明睿智的公民应当知晓的：框架。人们对相同事实性信息的不同反应，完全取决于信息是如何被呈现的，或如何被"框架"的。比如你的医生告诉你，你需要接受一个复杂难做的手术，有百分之八十的存活率或百分之二十的死亡率，尽管事实上两种情况是相同的，你的反应的确有差别。政治家和广告公司深谙此道，这便是为什么他们尽力去避免任何立场或产品的负面隐含意义（回到我们前面的例子，有人说他们是"主张保护胎儿权利"，而非"反生育权利"，其他人说他们是"提倡堕胎合法"，而非"反对胎儿权利"，诸如此类）。

根据政治心理学家路·史拉素斯（Rune Slothuus）的理念，框架制定（政治范畴以内的）可以通过两种不同机制起作用：通过影响人们对指定辩论中某些因素的重要性的思考，或通过改变讨论本身的内容。在第一种情况下，政治家努力把你的注意力集中在某个问题的一些方面，这些个问题的方面更有可能改变你对目前议题的想法（反过来说，政治家也努力淡化你也许与他的意见相左的方面的重要性）。相比之下，内容的框架是企图引入目标听众可能认为与目前讨论不相关的，或可能尚不知情的新论证。这两种类型的框架制度在实际中的运用均有实证证据，但两种框架是如何工作的却因人而异。这是下一次你需要决定如何就一个议题投票表决时，你可能想知道的一个实情（或者就此而言，是否购买某一个指定产品）。

特别地，史拉索斯主张，不同类型的框架受到个体的政治意识水平和他的政治价值观的强度的调解（两者明显不同：尽管对某个问题的具体情况不是特别熟悉，人们还是可能有强烈的政治观点，反之亦然——人们关于某个问题可能知道的很多，但不赞同某一强势的党派立场）。为了验证这个想法，史拉索斯让他的实验对象阅读不同版本的报纸文章，文章主要是关于目前一个悬而未决的社会福利议案，议案包括给予失业人员资助，使其重返职场。这篇文章的一个版本，将问题框架为本议案的最终结果是创造就业机会，另一个版本则把问题框架为本议案的最终结果是给贫困人口增加了困难。讨论中的各个方面的重要性和正反双方论证方面的内容都做了改变，以检验史拉索斯关于不同类型框架的概念。

结果非常清楚：相较于被描述成穷人困顿的根源，当此议案作为创造就业的契机被提出时，议案获得比较高的支持率。就这个意义而言，制定框架确实起了重要作用（再一次提醒别忘了，报纸文章的版本说法不同，但是报道的事实信息是一样的，所以人们是对框架做出了反应，而不是对事实有所响应）。"制定框架的重要性"（强调或淡化某些论据）对具有中度和高度政治意识的人们如何做出反应产生影响，但对低度政治意识的人们则没有影响。相比之下，"框架内容"（引进可能已被观众错过的新论据）对中度政治意识的人们有影响，却对那些政治意识非常强和那些政治意识非常弱的人们不起作用。请注意，不仅框架通过不同的心理机制发挥作用，政治意识弱的人们对于框架也相当抵制，大概是因为他们对到底是怎么回事了解得太少，因此无法欣赏重点或内容的微妙变化。那么框架对热衷政治强度不同的人们有着怎样的影响呢？在这里，这也许并不令人感到意外，框架并没有对高度热衷政治的人们产生影响，但确实动摇了热衷政治程度较低的人。很显然，对于中度至高度见识广博的人，或那些尚未与指定的意识形态永结同心的人，你可以改变他们的想法。

如果你对我们社会上的理性政治论述的可能性仍然不觉气馁的话，还有另外一个研究很可能会做这件事：莫妮卡·普拉萨德（Monica Prasad）和她的同事们对认知失调和政治主张做了深入研究（当然，如果你像我一样天生乐观，那么你就会把以下所述视为有用知识，帮助你防止自己把我们将要遇到的一切都进行此类合理化处理）。我们在第 6 章已经遇到认知失调的概念，当时我们发现亚里士多德对人类特征的另一个著名的描述——理性的动物——不像希腊贤哲们可能认为或希望的那么十分真实，然而在那儿我们谈论到，准确地说人拥有一个分裂的大脑，并帮助神经生物学家展示，当我们为使现实变得合情合理而编造故事时，在我们的大脑里究竟在上演什么。普拉萨德的受试对象，所不同的是完全正常的人，而且只不过碰巧他们相信——反对所有相反立场的证据——伊拉克前任独裁者萨达姆·侯赛因（Saddam Hussein）与 2001 年 9 月 11 日发生在美国本土的恐怖袭击事件之间存在关系（作为声明，我应该提请注意，普拉萨德的研究报告有一些方法上的问题和局限性，其中一些在该论文内进行了讨论，所以请用你的批判性眼光，把我将要讨论的内容仅仅视为初步的认识）。

研究者专注于这个特殊的基于政治的坚定信念，不仅因为如他们所说的那样，"不像许多政治问题，有一个正确的答案"，而且因为直到 2003 年后期仍然有大约 50％的美国民众坚持这种信念。

不顾这个事实，布什总统本人在某个时间已经宣布"本届政府从来没有说过'9·11'袭击是萨达姆·侯赛因和基地组织（Al Qaeda）之间精心策划的"。顺便提一下，普拉萨德和她的同事们并没有特意挑剔共和党人；他们写到，假使他们十年前针对民主党选民关于克林顿和莱温斯基丑闻的想法进行研究，他们完全可以预料到相似的结果。

在这项研究中受到检验的假设是对于为什么人们坚持政治上明确不实的信念的两种可选择解释。"贝氏更新"（Bayesian updater，专有名词"贝氏"指的是在科学界和哲学界广为流行的一种概率理论，以牧师托马斯·贝叶斯的名字命名，托马斯·贝叶斯在最初发表于 1763 年的一篇简短但在后来非常有影响力的文章里提出了此概率论）理论认为，人们会根据现有的证据改变自己的信念。所以大批民众坚持这个错误信念，认为在萨达姆·侯赛因和 9·11 之间存在关系，是因为布什政府微妙而协调一致的误导性信息的竞选活动（尽管依照布什总统本人的说法，并没有这样的关联）。

普拉萨德小组进行检验的另一种理论是他们所谓的"动机性推理（Motivated Reasoning）"：为避免直接面对他们认为非常重要的信念结果证明实际上是错误的这样的事实，人们部署了一组认知策略。这项研究结果阐明了一个远远超过萨达姆·侯赛因和"9·11"特定问题的事实：同样的策略甚至被见多识广且受过良好教育的人们用于各种情况，从政治舞台到为伪科学概念辩护，比如疫苗和自闭症之间所谓的（不存在的）关联。事实上，反省你最近是否感到愧疚因部署这样的认知性盾牌来捍卫自己所珍视（也可能站不住脚）的观念，或许是一个很好的学习经历。关于此事你可能要问问你的朋友，因为比起你自己映照自己支起的镜子，他们更可能支起一面诚实的镜子来映照你（参见我们在第 12 章关于友谊的讨论）。

普拉萨德和她的同事们发现的第一件事是，不出所料政治信念的确转换成了投票模式：正确回答问题的受访者，也就是那些知道萨达姆·侯赛因和"9·11"袭击之间的关联没有经过证实的民众在 2004 年总统大选期间把选票投给布什的可能性明显比较小，反而更可能投票支持约翰·克里。

剩下的那些人里，还有多少表现得像贝氏更新理论，一旦提出了没有关联的证据（比如说，布什总统自己的讲话），就会立即改变他们对该事物的看法呢？只有令人沮丧的百分之二。其余那些坚持自己原来见解的人，该死的反面证据，部署了高达六种不同的防守策略。普拉萨德和她的同事详细描述了它们的特点。以下的排列是依照重要性递减的顺序：

· 支持态度（33%）：或者，按照格劳乔·马克思（Groucho Marx）著名的说法，"这是我的原则，如果你不喜欢它们，我还有其他原则。"这组人径直地把美国入侵伊拉克的原因转换成另外的，间接地同意萨达姆·侯赛因和"9·11"之间缺乏关联，但不会在对实际问题上，即伊拉克战争，改变他们的立场。

· 理性争议（16%）：按照一个受访者所陈述的，"我仍然有我的意见"，意思是说在没有证据，或甚至有不利证据的情况下，仍能够坚持原有政见，仅仅因为这样做是一个人的权利（事实上根据美国法律，一个人确实有坚持错误意见的合法权利，这理所当然。是否这样做是个好主意，当然，这又是一件完全不同的事情了）。

• 推断辩护（16%）："如果布什认为萨达姆·侯赛因做了，那么侯赛因就做了。"这里的推理是，好人（美国）效力于某一浪费人的生命和资源的事情，比如战争，一定有一个原因，只是他们无法提出这个原因究竟可能是什么。而以上事实似乎也没怎么困扰这些人们。

• 否认相信此关联（14%）：这些人都是曾表示他们相信伊拉克和9·11之间有关系的受试者，但遇到挑战的时就改变了他们的说法，他们往往试图修改原来说的话，如："哦，我是指阿富汗（而不是伊拉克）和'9·11'事件之间有关系。"

• 逆向争辩（12%）：这组人承认没有直接的证据显示萨达姆·侯赛因与恐怖袭击有关系，不过虽然如此，基于其他的问题，比如，总的来说萨达姆·侯赛因反感美国，或是"众所周知" 他总体上支持恐怖主义，所以，相信萨达姆·侯赛因与恐怖袭击之间有关联是"合理"的。

• 选择性接触（6%）：最后，有人干脆拒绝参与辩论（而不改变自己的想法），并举出类似于以下的借口，"我不够了解此事"（这十分可能是真的，但是当然会在这个问题上和不可知论更加一致）。

所有这些反应怎么可能呢？人们真的这么迟钝，以至于他们基本上不能通过采用理性的方法对证据和信念进行评估，即使证据是现成的，然后依照"贝氏更新"行动吗？其实没有必要太为难我们的人类同胞，甚至是我们自己，因为在多数情况下，我们所有人的行为方式都可能非常相似。实际上，我们大多数人，大多数时间，都会使用认知科学家所谓的"启发式策略"——便利的捷径或经验法则——来快速评估一个形势或一个主张。即使在大多数情况下，就算在互联网和智能手机时代，任何信息不过就在我们的指尖上，我们仍根本没有足够的时间和资源投入到对一个特定主题的认真研究上，所以我们有充分的理由采用"启发式策略"。此外，即使有时候我们有时间，我们也没有足够的动机去从事研究，比起我们购买杂货或清洗汽车的需要，这事情对我们来说可能就没那么重要了。

不幸的是，一旦你做出了结论，信守你最初的结论同样是启发性高效率的，无论你下结论前所考虑的证据多么站不住脚。再次说明，这无非就是节省时间和精力而已。结果，我们利用我们相信的政客、政党甚至名人作为代言人，对一切事情做出决定，包括从伊拉克战争到气候变化科学。一旦我们采取了某个立场，我们便调度我们的认知官能，如果受到挑战，就倾向于让批评转向，而不是认真对待批评。在普拉萨德研究很久之前，在各种各样的时机和场合都可以看到这种现象。例如，按照启发式策略，"如果某人似乎知道自己在讲什么，他问我关于 X 的事情，则 X 很可能是存在的，而且我应该对它有个看法。"关于压根不存在的法规、不存在的政客，甚至不存在的地方，人们自愿提供"意见"（也就是，他们凭空编造，无中生有）！这把我们带回到萨达姆·侯赛因和"9·11"的研究上：正如我们所见，许多人显然使用了启发式策略，"如果我们对 X 国开战，那么 X 国一定是对我们做了确实很恶劣的事情"，换句话说，必须有一个理由！

考虑到关于黑猩猩和其他群居性灵长类物种的政治的证据越来越多，在人类是否是理性的动物（虽然无论如何，从有能力思考我们的行为及其后果的意义上来说，我们比所有其他物种更加理性），和我们可能也不是唯一的政治动物的问题上，存在严重的不确定性。尽管如此，在定义作为人有什么意义上，政治和理性两者都起了非常重要的作用，也因此为我们的存在赋予了意义。

下次当你察觉自己坚决捍卫某个政治立场时，无论如何，你也许要认真思考一下你是否表现出贝氏更新的行为，抑或更可能的是你正在部署先前强调过的六个有理化战略之一。如果是这样，你内在的贝氏计算器可能需要经常露面，这将有利于你，并且有利于我们的社会。

第 14 章
我们与生俱来的公平感

公平乃是真正的正义。

——波特·斯图尔特，美国最高法院法官

如果你有睡眠问题或正在调整时差,你也许想尝试一种化学药品,其名为 5- 羟色胺,更通俗的名字叫作血清素。话又说回来,你可能要谨慎些,因为事实证明,血清素直接影响你以公平的方式判断情势的习性,这在我们的社交生活和个人生活中是至关重要的组成部分。由莫莉·克罗克特（Molly Crockett）和她的同事在剑桥大学和加州大学洛杉矶分校进行的研究表明,对于人们认为自己在别人手里遭遇的不公平待遇,大脑内血清素水平较低的人们更加不愿对此妥协。

研究人员利用一种所谓的最后通牒博弈的演变形式,要求其中的实验对象接受或拒绝一个给定的报价以达成分割一笔钱。大多数人认为 45% / 55% 的分割比例属于公平的范围,即使他们吃亏得到较少比例的部分。当分配比例变成 30% / 70%,实验对象表示这笔交易不公平;他们还认为当分配比例约为 20% / 80% 时,交易是极度不公平的。克罗克特和她的合作者所做的是,让他们的一些实验对象经历急速色氨酸消耗的过程,此过程干扰了羟色胺的生产,暂时大大地降低了羟色胺。为了确保他们的研究结果不会因为实验对象是否知道自己接收了程序而有失偏颇，实验过程中也使用了安慰剂对照组。此外，为了达到科学调查的最高标准，整个实验采用双盲协议：因为分析数据的科学家不知道哪个受试者接受了治疗，哪个受试者接受了安慰剂，解释结果时任何无意识偏见的可能性都被排除了。

结果非常明确：当报价公平，或甚至有点不公平时，治疗组和安慰剂组实验对象之间没有差异。不过当报价（20% / 80% 的提案）确凿无疑不公平时，相比于对照组，血清素耗尽的实验对象中占百分比数大得多的人拒绝了报价。在你的脑部循环中欠缺血清素会让你自动地（也就是，你无法有意识察觉地）降低容忍不公平待遇的门槛（非常可能地，更多的血清素会让你暂时更能容忍不公平，但克罗克特和她的同事进行的这个研究并未涉及这个可能性）。这个研究特别有趣的地方是，它不是我们已有的关于大脑如何衡量公平性的唯一神经生物学信息，已经清楚的是我们在腹侧前额叶皮层病变的患者身上也可以观察到类似的行为。研究人员解释，这意味着血清素大概是通过调节腹侧前额皮质的活动来达到效果的。但是，这还不是事物全貌：我们也知道干扰背外侧前额叶皮层附近的大脑区域，例如，通过使用经颅磁刺激来干扰皮层的活动，会达到相反的效果，从而使人们更可能接受不公平的报价。这好像大脑有两个反应区域，它们联合起来，衡量一个我们察觉自己受到不公平对待的潜在实例。这些研究结果相当惊人，研究指出"公平"并非只是一个文化概念或理论上哲学讨论的问题。事实上可以不夸张地说，我们拥有一个嵌入在我们大脑中的公平计算器！

毫不奇怪，公平概念本身是哲学家们需要认真讨论的问题，而我们将看到，对此问题的一些哲学处理方法与科学的契合比其他方法明显更好。科学－哲学的相互作用再次为我们提供了可用的最好条件，以此奠定了我们观点的基础和做出我们的决定。

让我们从伦理和道德哲学中一个非常重要的概念开始，"反思平衡（reflective equilibrium）"的理念，最初由尼尔逊·古德曼（Nelson Goodman）于 1955 年提出（虽然他并没有使用这个词），最终因历史上最具影响力的道德哲学家之一约翰·罗尔斯（John Rawls）而闻名于世。从本质上说，反思平衡的方法，顾名思义，是一种理性的反思，寻求在不同的概念、判断或我们在指定的伦理问题上（或任何其他问题上）可能会产生的直觉之间达到平衡，我们的目标是不断修正我们的判断和理由，直到它们变得尽可能地连贯，从而使我们能够实现所谓的"平衡"。例如，我可以坚持起始立场，认为应该避免堕胎，因为堕胎等于杀死一个潜在的生命。然而，我也认为一个女人对于自己的生育命运，应该有尽可能多的控制权。此外，我认为当两者有冲突时，母亲的幸福应该优先于胎儿的幸福，因为前者是一个已经完全形成的拥有权利的人，而后者是一个可能的权利受到更多限制的人。一个反思平衡的过程将会迫使我确认所有这些不同的道德直觉，完全弄明白到底为什么我坚持这些立场，并且当不同的道德直觉发生相互矛盾时凸显它们。然后我会继续（可能在一个起着参谋作用的朋友的帮助下，他帮助分析就此事上我的既复杂又可能矛盾的思想）协调尽可能多的关于堕胎的不同直觉，一旦更清晰地看见不同直觉所包含的内容，我甚至会有意识地否决或修改其中的一些直觉。

在下一章节里，我们将看到罗尔斯究竟是如何应用反思平衡的方法获得一个独创性的发明，旨在引导我们去建立一个极尽理性构思的社会。但就目前而言，让我们注意有些其他的伦理问题上的哲学立场，我们在之前的讨论中已经遇到过，显然与反思平衡概念不一致，即便这些哲学立场乍看之下似乎甚为明智。举例来说，认为我们应该让尽可能多的人幸福最大化的功利主义者，至少在伦理决策方法上有两个问题，这些伦理决策旨在寻求不同道德直觉之间的一致性。一方面，他们对我们是否应该非常认真地用直觉处理道德的事务表示怀疑：这些直觉从何而来，以及为什么我们应该相信这些直觉？在另一方面，任何寻求他们道德思考里一致性的人，都愿意质疑、修改并有可能拒绝他们自己的规则或道德事务上的优先顺序。由于功利主义是基于这样的一个重要原则（追求最大可能地让尽可能多的人受益的行动方针），很明显功利主义者会对反思平衡的整体思路感到不舒服。对第二个功利主义异议的答辩在本质上是哲学的，而对第一个异议的合乎情理的回应则来自神经生物学（如同读者肯定会猜到的，来自我们更广泛地谈论道德的演变时我们所讨论的进化生物学）。

我们将首先考虑哲学，然后再回过头来讨论科学。就像生活中一切其他事物，我们完全不可能负担得起不断修改我们做什么和我们如何做的假设所耗费的时间、精力以及非常坦率地说还有痛苦。苏格拉底说过一句名言，没有经过审视的人生是不值得过的，这句话也许是对的。但我们最好花大部分的时间实实在在地过我们现实的生活，这句话也是对的。这就是反思平衡方法的支持者为什么区分该原则广义的和狭义的应用之间的不同。采取反思平衡的狭义的做法是寻求被接受原则和道德直觉之间的平衡，而不是绕远去质疑所述原则和直觉的起源或可靠性。例如，追溯到我们关于堕胎的简单讨论，你的道德直觉很可能是必须不惜一切代价来保护生命，这种直觉变成指导你对此问题采取一切方法的根本前提。但是，即使坚持这样一种直觉，还是可能有很大的空间在该问题的其他元素之间达到反思平衡，例如，如何平衡胎儿的生命权利和母亲的生命权利（毕竟，双方都有生命的权利，因此，如果两者发生矛盾只能择其一，我们需要在谁的权利胜过另一人的权利上达成一致）。然而，我们常常也许想要扩展辩论以质疑一些基本原则，诸如无论如何必须保护生命的理念。这一原则结果证明可能与一个个人持有的其他道德立场产生矛盾，比如，某人具有一种强烈的直觉让他赞成死刑。如果生命是神圣的——要么在任何宗教意义上，要么甚至是世俗意义上——那么反对堕胎但赞成死刑似乎会在不同的道德直觉之间产生矛盾。这便是反思平衡的广义概念发挥作用之处：我们现在正在扩大圈子，可以这么说，正在考虑这种可能性，也许我们的一个（或更多个）主要规则或基本直觉是错误的，或者需要重新审议。关键是，与功利主义批评者的主张相反，反思平衡的想法可以与我们不需要每时每刻质疑我们所有原则的趋势兼容。事实上，这是当我们采取广义的方法进行反思平衡时所发生的事情，但是它不适于狭义的并肯定更频繁使用的方法。

反思平衡应用于伦理的其他重要异议如何呢？当我们运用一种或另一种"道德直觉"时，我们完全没有理由为这种用法的合理性辩护，因为我们不知道这些直觉来自何处，也不知道它们是否有根据。在此我们的讨论朝着科学的方向掉头了。

正如我们所看到的，事实证明在我们的大脑里我们有内置的"公平计算器"。看起来，这个公平计算器不会专门只沿着功利主义路线发挥作用，而是寻求不同标准之间的平衡（在这种情况下，不是反思，而是无意识的）。回想一下（第3章）中许铭、塞德里克·安恩和史蒂芬·夸兹的研究，该研究表明了当我们评估一个事情的公平性时，人类大脑的三个区域以不同的方式都参与其中。所谓的壳核区域似乎负责评估任一情况的效率（功利主义的大脑版本），而脑岛区域则涉及评估固有特定决策的不平等程度。当两者不一致时——它往往是不一致的——第三个脑部回路，尾状叶中隔膝下区域，则在壳核区域和脑岛区域之间进行调节，并做出最终的决定。

当受试对象在如何最合理地给乌干达的孤儿分配资金的问题上试图做出决定时，许氏团队通过对他们的脑部扫描发现了这个现象。他们的决定包括了收走和重新分配膳食给三组儿童，实验安排受试者必须平衡他们的不平等感受和他们对分配结果效率的评估。这项研究的总体结果支持这个观点，即人们往往主要在受到他们的公平感的影响下做出道德决定，甚至以（在一定范围内）资源分配的效率作为代价。换句话说，我们大脑的工作不像功利计算器，反而好像跟着一种感觉，按照罗尔斯的话说，一种作为公正的正义的感觉。此外，这些研究人员的研究结果与道德决定的达成不是通过理性的深思熟虑，反而是与情感相关的道德直觉相一致。这发现也许看似违背了反思平衡的整体思路：毕竟，如果我们凭直觉做出决定，实际上我们并没有反思它们！事实上，许和他的同事们在他们的文章中明确地提到（文章发表在《科学》期刊上，而不是哲学杂志上），这在一定程度上与罗尔斯的方法相矛盾。但事实并非真正如此。正如我们所看到的，反思平衡必须从一些假设和直觉开始，而反思平衡在狭义模式下使用时，不必尽量去质疑。事实上，这些研究人员所做的工作为这些直觉来自何方的问题提供了局部见解：显然，直觉是内置于我们大脑的内在运作中。这是否是作为群居动物同化或者是长期演化的结果，抑或两者皆是，又是另一回事了。这就像人们身上任何其他的先天与后天的问题一样，将是难以解决的。

尽管来自神经生物学的证据非常令人信服，证实了我们的大脑安装了"公平计算器",但是问题是为什么从一开始它就在那儿。在一定程度上我们已经讨论了人类道德可能的进化起源(见第4章),但另一个出现在人类发展心理学最新研究中的谜题,将有助于我们得到一个关于公平和公平起源的更有根据的看法。恩斯特·费尔(Ernst Fehr),海伦·伯尔尼哈德(Helen Bernhard)和贝蒂娜·罗肯巴赫(Bettina Rockenbach)在《自然》(*Nature*)期刊上发表了一篇论文,文章中他们研究了人类不同年龄阶段儿童之间的社会行为差异,以期获得与我们最近的进化近亲黑猩猩在进化差异上的发展的深刻认识。

这项研究的设计非常直截了当。研究者要求一些年龄在三至八岁之间的儿童就是否分享以及如何分享糖果形式的食物做出决定。例如,他们可以决定与其他孩子平分糖果,或把所有糖果都留给自己。作者确保礼物的接受者不在现场,以及该游戏只进行一次。用这样的方法,孩子们的决定就会更好地反映出不受(有意识或无意识地)计算未来预期回报的影响也不被在团体中建立良好口碑的需要干扰的公平倾向(然而请注意,在这类研究中控制所有相关变量是不可能的。比如,孩子们已感觉到的管理测试的成人们对他们的决定所产生的想法或许已经影响了孩子们的行为。确实,拿有意识的动物做实验不是简单的)。

这项研究的主要结果显示,非常年幼的儿童(三到四岁)与年龄稍大的儿童(七到八岁)的行为之间存在相当明显的区别:年长组明显更倾向于分享他们的糖果,表现出研究人员称之为"关心他人"的行为。换句话说,年幼的孩子往往以自我为中心,看起来社会公平的概念会在人类的发展过程中稍后出现。这很重要,因为黑猩猩,举例来说,在他们的行为中不显示关心他人的偏好,本质上总是像三到四岁的人类。另外在这里提请注意的有趣要点是,人类孩子们很年轻时，的确会参与帮助他人的行动，但此种援助属于一个完全不同的类别，认知科学家称其为"有作用的帮助"：年仅十四至十八个月的人类会乐意帮助他人实现某些目的，例如排列物品或开门，即使没有受到奖励。重要的是，黑猩猩也参与做有作用的帮助，这强化了我们的进化近亲和我们自己这个物种里非常年轻成员之间的相似性。

迈克尔·托马塞洛（ Michael Tomasello ）和费利克斯·沃尼肯（ Felix Warneken ）在评论费尔和他的同事所著的文章时指出，从发展和进化研究中浮现出来的这种情况朝着越来越复杂的社会道德行为不断地自然地进步发展：我们先从有作用的帮助（与黑猩猩共有此行为）开始，再到关心他人行为的形式（人类独有的行为），最后到践行那种复杂的互惠的利他主义，这样的行为深受各种考虑的影响，诸如在团体内求得好名声，对成年人类进行的种种研究均表明了此类现象。然而，有一个重要的隐情：通常情况下，人类关心他人的行为仅限于他的团体内部成员而不会扩大，或只勉强地扩大到其他团体的成员。这种心理机制背负着导致人与人之间重大冲突的种族主义和仇外心理的责任，无论在历史上还是现今日益多元化的社会都是如此。看起来深植在生物学上的社会性本能，只能让我们将其圈子扩大到我们已准备好并愿意公平对待的人的身上（当然，这甚至还没有开始正视动物权利的问题）。要引导我们的道德超越这一点，我们似乎需要一些更复杂的以哲学为基础的反思平衡，把我们带到下一个篇章的主题：正义。

第 15 章
关于正义

正义是美德至高无上的荣耀。

——马库斯·图利亚斯·西塞罗（Marcus Tullius Cicero）

为什么我们要在世上期待正义呢？丹尼斯·霍利（Dennis Wholey），一位美国电视节目制片人，说过一句名言，"因为你是一个好人就期待世界公平地对待你，有点像因为你是一个素食主义者就期待一头公牛不要攻击你。"

从柏拉图 24 个世纪前写了《理想国》（*the Republic*）以来，哲学家们已经问过同样的问题。在这本书著名的段落里，次要人物之一格劳肯（Glaucon），给苏格拉底讲了关于古格斯之环（Gyges's ring）的神话，挑战伟大的哲学家给这个神话的寓意提供一个合理的答案。故事是这样的，古格斯是一位牧羊人，生活在理帝亚王国，在小亚细亚西部（今土耳其）。有一天，古格斯发现一个山洞，里面躺着一具戴着金戒指的尸体。古格斯拿走了这个戒指，并发现了其神奇的特性：通过旋转戒指可以让他任意隐形！不用说，古格斯立刻把他新发现的能力派上用场，他返回首都，勾引皇后，弑杀国王，并任命自己为吕底亚王国的新君主。而且，他显然侥幸成功地逃脱处罚，因为据说他的后代之一是克洛伊索斯（Croesus）国王，

是一位生活在公元前 6 世纪的真实历史人物。并且克洛伊索斯变成
了财富的同义词。

这个故事理所当然令格劳肯迷惑不解。这也许让你想起托尔
金的《魔戒》（*One Ring*），或者——以不同的形式——尼科尔
森·贝克（Nicholson Baker）令人愉悦的小说《时间操纵者》（*The
Fermata*）。他询问苏格拉底（Socrates），人们凭什么理由证明古
格斯不应该做他已经做的那些事情，既然他有行动的能力并能够逃
脱惩罚？当然，这是一个古老的难题：一个人能创造出什么合理的
论证来辩护正义的概念对抗在整个人类历史中已经非常普遍的“强
权即公理”之类的态度呢？对于格劳肯来说，这个故事的寓意是，
道德是一种社会建构，因此是武断随意的，所以，很难想象，准确
地说在何种意义上，古格斯做错了什么事情。以下是他对苏格拉底
的坦率直陈：

> 我们不能想象有人具有铁铸般的性格，坚守正义的立场。
> 没人不拿不是自己的东西，特别是当他可以安然无恙地从市
> 场上拿走他喜欢的东西，或进入别人家中与任何他看上的人
> 行淫取乐，或杀戮，或从监狱释放他想释放的人，在各个方
> 面像一个神游走在凡人中的时候……我们也许真的证实了这
> 是一个了不起的证据，即一个人是正义的，但是并非心甘情
> 愿地，或是因为他认为正义对于他个人有什么好处，而是出
> 于需要，无论何处，任何人只要认为他可以安全地行不义之事，
> 在那里他就是不义的。如果你能想象不管是谁得到了这种变
> 为隐形的力量，却决不犯任何错误或触碰他人的物品，旁观
> 者都是认为他是最可怜的白痴，虽然他们会在彼此面前夸奖

他，在彼此面前装面子，因为他们害怕也可能遭受不公不义。

苏格拉底通过详细阐述我们在第 5 章中谈论道德伦理时遇到的观念，对格劳肯做了回应（一种在古希腊常用的方法，主要由苏格拉底的"伟大学生"亚里士多德发扬光大）。苏格拉底辩称，在本质上，古格斯也许在物质上成功了，但他同时在道德上也败坏了，因此根据定义（根据美德伦理学家幸福的概念）他并不幸福。可以不夸张地说，苏格拉底视古格斯和与他相似的人们为患病的灵魂，无法真正作为人类而蓬勃发展。

到现在为止，从神经生物学（第 3 章）和进化（第 4 章）的角度，我们已经学会了不少关于道德行为的科学，所以我们对于格劳肯的问题有了部分答案。事实证明，我们的大脑具有天生的牢固的公平感（第 14 章），这大概是我们进化为高度智能化社会动物的结果，如果人们的行为开始表现得像古格斯一样，而且大部分时间皆可以侥幸逃脱惩罚，我们的社会将会完全崩溃。令人感到有意思的是，尽管肯定不完全是他所指的那个意思，苏格拉底把古格斯视为千真万确的病患，所以认为他无法真正幸福，这是正确无误的。

然而，现代的科学家和哲学家都仍然还在和时下提出的所谓"乘车逃票问题"的概念性问题斗争不止。比起那些由柏拉图所选择的，此问题的现代版本通常不再以那么丰富有趣（和令人毛骨悚然）的用辞呈现，不过它的逻辑是一样的。所讨论的问题是，在一个社会中，我们经常需要采取集体行动，以保护或补充公共资源，比如说，清理环境、维护公立学校，或加强我们的国防力量。理想情况下要做到这一点，需要每个社会成员做出少许贡献（比如通过纳税）才能获得公共利益。然而所谓的 N 个囚徒困境的数学理论显示，参与的个体数目（N）越大，欺骗系统、毫无贡献反而持续收获利益的刺激就会越大。这种现象迅速蔓延，导致所谓的公共资源悲剧：如果每个人（甚至只要足够多的人数）都变成了免费搭车者，就不会有"车子"留给任何人了。

这是哲学家大卫·休谟在他的《人性论》中所做的陈述：

> 两个邻居一致同意将一块草地上的水排走，这块草地属于他们共同拥有。因为知道对方的心思对于他们来说很容易；并且每个人都必须知道，任何一方在属于他的那部分如果失败了，直接的后果便是放弃整个工程。但是让一千人达成一致意见一起采取任何类似的行动，这是非常困难的，实际上是不可能的；让他们协调如此复杂的设计非常困难，那么，当每个人都找借口免除自己的麻烦和费用，并把整个负担置于他人身上时，实施这个设计会更是难上加难。

约翰·斯图亚特·穆勒（John Stuart Mill）也是一位在哲学界有史以来名人录上榜上有名的，他对此问题也理解得很清楚，他在他1848年出版的《政治经济学原理》（*Principles of Political Economy*）中辩称，减少每周工作时间至人类所能接受水平的唯一办法，就是制定法律禁止人们工作时间超过每周最高小时数。否则就会刺激个人工作时间超过规定最高小时数，这对其他所有人是一种惩罚，会迅速造成所有工人的压力，进而他们会放弃自己每周合理工作时间的权利，如奴隶般劳动。直到今天，这个矛盾一直都是工会和雇主之间不断来回拉锯战的根源。

乘车逃票问题还有一些主要后果，甚至连政治科学家和哲学家往往还不能体会。例如，乘车逃票问题可能是反对马克思主义阶级斗争理论唯一最有力的论据。问题是，劳动阶级的境况变得越好（因为反抗资本主义压迫的斗争），工人们就会觉得自身经济状况也越富裕。一旦有足够多的工人跨入了中产阶级的经济状况，他们参与进一步斗争的动机（更别说革命）则不复存在，所有的事情就会安顿下来，进入与多数现代西方社会类似的平衡，这也解释了为什么关于革命即将到来的反复预言，迄今全都一败涂地。

实际上，对乘车逃票难题的理解失败似乎根植于一个常见的逻辑谬误，即"合成谬误"——一个团体的特征一定和该团体个体成员的特征相同的假设。举例来说，如果有理由相信合作对团体有益，很多人会因此推断，合作对于该团体内部的个人也是有益的，但是在逻辑上，这是根本不可能随之而发生的犹如乘车逃票难题所示范的一般！

尽管乘车逃票的问题持续存在，总的来说，很显然的，各个社会已经能够在某种程度上应对它。所以即便古格斯的故事具有压倒性的逻辑力量，我们还是需要对于人们如何倾向于相互合作做出种种解释。最明显的答案是，我们有政府来强制执行一定类型的集体合作，如纳税。事实上，自从托马斯·霍布斯（Thomas Hobbes）的《巨灵论》（Leviathan，1651 年）出版以来，我们提出对集体合作的需求，是将其作为支持具有显著执法权力的政府的形成和延续的一个主要原因。虽然这是一种至关重要的解释，但仍不能说明人类心甘情愿进行合作的所有情况，因为在我们社会经验的若干领域中，即使政府干预的威胁不保护人们的努力，我们还是见证了他们的相互合作。因此政治科学家和社会科学家又考虑了三个另外的相互不排斥的解释：有缺陷的逻辑，副产品，和不只是自身的利益。

根据"有缺陷的逻辑"假说，许多人参与合作活动，仅仅因为他们不明白乘车逃票问题的逻辑。既然对于这种缺乏理解有足够的实证性证据，那么无疑地这是一种可能性，虽然难以想象人们根本不理解让别人做这项工作而自己不用出一分力反而会是有益的的这种情况。而"副产品"的假说也获得了经验性的支持。这个概念是说，人们愿意为 X 资源做出奉献，因为他们想要另外的 Y 东西，而且他们只能通过对 X 有所奉献才能获得 Y。例如，在过去（在很多情况下现在仍是如此），工会为他们的工会会员提供了比非工会会员可能获得的更好的医疗保健。在这种情况下，人们加入工会是明智之举，即使他鄙视工会的整体理念，但因为加入工会他会获得独特的益处（千万别介意这种行为的伪善根据）。最后，"不仅仅是自身利益"假说承认，人类有能力表达真挚的同情或采取利他行动，甚至在他们非常清楚地知道，他们不会从这种行为中获得个人的利益的情况下。哲学家罗素·哈丁（Russell Hardin）援引了人们为推动废除死刑发起运动的案例：用他们对最后在死囚牢房结束生命以告终的个人恐惧，几乎不能解释他们对这项事业的奉献精神。

尽管如此，总而言之，乘车逃票问题最可靠的解决办法就是要有一个适当的规则制度惩罚想要逃票的人，例如政府的法律。一些有趣的实证研究已经表明，即使给机会选择一套不同的制度，人们可能还是会选择这样的一个制度。例如，在一篇发表在《科学》杂志上的论文中，欧兹戈·戈洛柯（Özgür Gurerk），贝恩德·依连布什（Bernd Irlenbusch）和贝蒂娜·罗肯巴赫（ Bettina Rockenbach）讨论了一个实验，实验中建立了两个虚构的机构，让实验对象选择加入其中之一。在这两个机构里，成员们会对共同资源做出贡献，无论个人贡献水准如何，之后共同资源都将重新平等分配。两个机构的差异在于，在第一个机构里，实验对象可以不做奉献而不受惩罚，而在第二个机构里，其他成员将有权力制裁乘车逃票者，尽管制裁会让他们付出额外花费（换句话说，情况类似于纳税以维持警力和司法系统）。

不出意外地，大多数受试者最初选择了无制裁的机构（从而表明他们确实理解了乘车逃票问题并且利用了它）。该机构放弃公共利益的平衡措施使其很快解体，一个公共资源悲剧的完美例子。同时，挑选有制裁的机构的受试者迅速发展了一套欣欣向荣的体制，该体制在规则允许范围内达到了最高水平的合作和最大的公共资源。非常有趣的是，一旦人们认识到该体制的优越性，就会有越来越多的人转而加入了有制裁的机构。霍布斯会为这个社会契约的微型娱乐感到欣慰的。

关于正义和合作的科学就讨论到这里。现代哲学对于事物应该是什么方式必须要说的是什么？（与它们怎么样，或者我们会如何改变它们相反。）在这本书中，我一直认为指导我们生活的科学和哲学它们之间的关系是复杂的，但肯定的是，一种理解科学－哲学的方式是在原则方面让哲学（由科学传递信息）指导我们，并运用科学（由哲学操纵）作为我们实现这些原则的最佳选择。

政治哲学的详细讨论显然超出了这本生活、宇宙和万物的简短指南的范围，但如果我没有非常详细地介绍可能是 20 世纪该领域中最重要的贡献，一个作为在政治哲学中任何更深一步讨论的基准、并结合当前章节与前一章节的理论：约翰·罗尔斯的公平即正义的思想，我就是懈怠失职的。

罗尔斯做分析使用的是我们在第 14 章遇到过的一个非常强大的哲学方法：反思平衡。回顾一下，反思平衡的基本概念是，我们希望尽可能地努力协调我们的各种信念，不过也承认不同的信念有时会彼此矛盾。在实践反思平衡中，要么我们从我们认为我们持有的一般信念（比如一般的道德原则）开始，要么从我们对某个问题的特定立场开始。然后我们问问自己，两者是否相互匹配，如果它们不相互匹配，我们就要研究针对问题改变我们的立场是否有意义，或者重新考虑我们对一般原则的认可。对于我们所关心的任何一套信念我们都可以重复这个练习。我们的目标不是实现完美和谐和我们所有立场之间完全的逻辑一致性（很有可能是不可能的），而是学习和反思我们究竟相信什么和我们为什么相信，并且一旦意识到它们如何与我们普遍的世界观相互矛盾，我们就会开始修正我们的信念。

在第 14 章，我们应用反思平衡方法在堕胎问题上做了分析。现在我们再来举一个例子，讨论一个坚定的基于宗教的道德信仰的人。你的（假设的）朋友比尔（Bill）认为，他应该遵守《圣经》（包括《新约》和《旧约》）的全部戒律。他恰好也认为，虽然通奸是不道德的，通奸者也不应该被杀死（让我们先假定这个信念不是为己谋私，而且比尔从来没有背叛过他的妻子）。最后，比尔发现一条戒律在《申命记》第 22 章 22 节记载："若遇见人与有丈夫的妇人行淫，就要将奸夫、淫妇一并治死。"，似乎与《约翰福音》第 8 章第 7 节耶稣替淫妇辩护的话语："你们中间谁是没有罪的人，谁就可以先拿石头打她"直截了当互相矛盾。假定关于通奸和《圣经》的这些杂乱无章的信息依然形成一套前后不连贯的教义，比尔应该如何对待它呢？

他有三个选择：第一，他可以放弃他对《圣经》中道德一致性的信仰，并且不管什么原因接受《新约》与《旧约》有时相互矛盾

（虽然之后他会面临实际的问题，要相信其中哪一个，以及为什么神会在不同的经文中自相矛盾的神学谜团）。第二，比尔可以接受《新约》取代《旧约》（正如有一些基督徒的做法），因为《新约》是后来撰写的，尽管他将再次面对一道重要的神学问题。第三，他可以改变他对通奸的态度，并且开始倡导杀死通奸犯。任何他在符合逻辑空间的行动变化方式，都清晰地说明他正运用反思平衡作为他的行动导航原则。最终，结果可能是他的道德信念经过锻炼更加坚定，抑或是他丧失对神的信心，或介于两者之间。重要的是努力弭平自己对立信念的练习使得他明确地面对这些矛盾，并开始质疑至少其中某些信仰的合理性。别忘了，根据苏格拉底所言，未经检验的生活并不值得。

所以，当我们继续讨论罗尔斯究竟提出了什么时，请铭记反思均衡的观念。在《正义论》（*Theory of Justice*）中，他的开始观点之一就是，多元化的社会不能建立一个基于一套单一综合性道德教义的制度。例如，尽管某些保守地方发出了观点相反的大呼小叫，美国现在不是，过去也从来不是一个"基督教国家"。"基督教国家"这个说法不能成立，不仅仅是因为对美国宪法和《权利法案》来说，以政教合一为基础的观念会同时违反了这些文献的精神和文字（事实上，这些文件受到世俗启蒙学说，尤其是洛克的政治哲学的启发），也是因为对许多居住在美国的非基督徒来说，说美国是基督教国家是极为不公平的。如果我们想要，比方说，以伊斯兰教原则，或以印度教原则，或以无神论原则建立一个多元文化的国家，同样的推理也可以适用，就像哲学家喜欢挂在嘴边的类推适用法则（加以必要的变通）一样（和流行的观点相反，在宗教中立的世俗体制与明显反对宗教的无神论体制之间，有着巨大的差异）。

我们该怎样进行下去呢？罗尔斯的卓越见解之一是，个别宗教或意识形态团体成员当然应当拥有信奉他们宗教或意识形态的自由，同时，通过共识重叠，可以实现社会协议。他列举的例子之一是教会与国家之间分离的观念，此观念能够获得笃信宗教者和无神论者双方同意，即使协议出自于双方不同的原因：笃信宗教者或许不想要单一国家宗教，不然他们可能要提防他们的信仰自由受到国家过多干涉，而无神论者大概不会喜欢国家支持任何宗教观，而且把它们视为对社会有害的影响。

罗尔斯体系的另一个重要原则就是，在一个开放、民主、多元文化的社会里，公共讨论应该使用公共的而非教派的语言进行。哲学家莱夫·伟纳（Leif Wenar）论述的一个实例是关于堕胎的辩论。当立法者提议或投票决定有关堕胎的一项法案时，或者当法官裁定有关堕胎的一条特定法律或案件时，根据罗尔斯所言，他们应该使用意识形态中立的语言做这些事情。例如对一位法官来说，援引上帝告诉他的话来写关于案件的意见，或以经文为基础证明他的立场是正确的，这样做都是不合理的，因为他的意见应适用于国家所有成员，而不只是基督徒。对于那些碰巧他们也不不熟悉的五花八门的道德学说作为基础的推理，当然其中一些人干脆（从他们的观点来看是合理地）就拒绝了。事实上，在美国，大多数法官（以及少数的立法委员）往往符合这一原则。这只要看看近来任何最高法院的裁定就一目了然。理解罗尔斯既没有努力限制任何特定群体的言论自由，也没有说个人的道德推理不应该处处可见他们自己的思想观念，这是很重要的。当然这也是应该的。但是如果我们认真对待多元文化民主的理念，我们应该能够把我们意识形态的思考转换为中立的语言，作为进一步讨论的基础为所有人使用。一个无神论者或一位不同宗教派别的成员，会很乐意让基督徒参加关于堕胎的辩论，这个问题基于中性概念，就像保护无辜的生命、人格等。但是，对于有人声称堕胎不道德的唯一理由就是（他们独有的）神这么说，罗尔斯会无话可说。

我们终于准备好应付罗尔斯公平即正义的基本概念了。他承认，对理想（或简单地说一个更美好的）社会的考虑使我们面对在个人的自由和平等之间不断地进行权衡。自由意志论者（Libertarian）希望前者最大化，而自由主义者（Liberal，请注意两个单词共同的字根，两者皆源于自由的概念）强调后者。处于一个试图改善自身的社会，我们想要做的是考察我们国家的基本结构，这决定了公民的自由范围和平等的程度。罗尔斯在"基本结构"的标题下列出了许多标准，其中没有一个标准具有很大的争议性，至少在公开的西方民主国家没有：基本权利，机会的程度和类型，工作类型及其报酬，财富和收入，享有教育和医疗保健等诸如此类。

对于罗尔斯，开始考虑一个基于两个原则的公平社会是合理的。他的"消极"论点规定，个体不应是男人、女人、白人、黑人、富人、穷人或是其他诸如此类的身份，他们只是碰巧生而即有各种特征的特殊组合，他们有幸（或不幸）具有（或缺乏）随特定的社会阶级、性别或种族而来的先天禀赋。虽然我们对于消极原则的第一反应也许是几分怀疑，但是，在什么意义上说清楚任何人应当出身富贵，或生为男性，或白种人（或任何其他身份）是很困难的，所以得出结论是，作为一个社会，我们应当同意不给刚好以某个特定方式出生的人特权。

罗尔斯的"积极"论点是，社会财富应该平等分配，除非某种不平等分配使每个人，尤其社会中最弱势的人受益。特别是对美国人来说，这大概是一种更反直觉的想法（我斗胆猜测对于很多欧洲人来说，没有那么反直觉）。但"积极"论文确实是从"消极"论文推断而来：如果我们同意，人们不应该在诞生那一刻得到好运或厄运，那么我们凭何种理由希望给予平等享有社会资源以外的任何东西呢？

理解罗尔斯第二个论点的部分例外是很重要的，如果（在一定限度内的）不平等有利于社会大众，特别是有利于最不富裕的人，那它也许是合理的。其想法是，可能有某些社会需要的活动或行业，需要特别的激励吸引人们去从事，要不然就是这些活动比其他活动花费更多（例如在培训方面）。在这种情况下，我们有理由给予愿意去努力工作的人更多的资源。在现实中，这也许是合理的，例如，因为必要的奖励（一名警官置他的生命于风险之中来保护我们）或培训成本（对于需要获得硕士或博士学位的教师），付给警察或教师的薪水比其他职业更高。但是，像支付运动员不相称的薪酬的做法不是很合理，他们对社会的贡献仅仅在娱乐方面，而且除了娱乐本身的纯粹价值以外，运动员的活动显然不会使其他人过得更富裕。

为什么罗尔斯期望人们赞成他的两个论点，并且由此可能推断出什么呢？他表示，因为人类天生具有基本的公平意识，更具体地说，我们都有经由作为人类而获得的两种"道德力量"：我们具有正义感，而且我们拥有想象美好的能力。罗尔斯并没有说明他认为这些道德的力量从何而来，但是到目前为止我们已经看到，类似这些道德力量的某种东西确实已深植在我们的大脑中（第3章），至少有一部分是我们作为社会性灵长类演化的结果（第4章），虽然另一部分无疑地来自于社会的，而不只是生物学上的进化。

鉴于所有这些考虑，我们终于来到罗尔斯非常重要的思维实验，他的关于社会契约的说法，还有我们应该同意拥有什么类型的社会等的问题的答案。此处罗尔斯的方法别出心裁，即使有人碰巧不同意他的特定结论，也能够欣赏他的做法。他引导我们想象我们围坐在桌旁，讨论一个新型社会的基本结构，我们代表将会成为这个社会一分子的全体民众。这个虚构的制宪会议有个意外的进展：未知的面纱。罗尔斯建议，讨论会的参加者们应该深思熟虑，在种族、性别、年龄、健康、财富或任何其他先天禀赋方面，就仿佛处于没有自己的或者他们的委托人的信息的情况下。他们确实知道的是人们普遍渴望什么（安全、食品、住房等），和他们即将达成共识的这个社会拥有什么资源，但资源不是无限的，以及他们的社会将是多元化的（人们将会是不同的种族、不同的性别取向、不同的宗教、不同的政治意识形态等）。考虑到未知面纱下独特的立场，我们会同意落实什么类型的社会呢？

这里，领会罗尔斯在努力做什么是很关键的。他肯定不是在说实际的社会会照这种方式建造，就像从来不曾有过一个实际的社会契约在任何社会得到所有人的签名或赞同（出生在一个既定的国家，我们通常几无选择，只能接受无论什么法律规范的这个社会，移居外国是一个只有少数人能得到的选择）。更准确地说，罗尔斯挑战我们去想象我们愿意将什么种类规则纳入社会，假定我们事先并不知道，在出生时仅仅由于运气我们比别人占据优势（或劣势）。请记住，对于罗尔斯来说，一个人的先天禀赋和出生条件并不属于道德上值得骄傲或者令人羞愧之类的事情，因为它们是抽签的结果，而不是一个人的所做所为。

现在，功利主义者会辩称说，我们当然应该使尽可能多的人幸福最大化。但罗尔斯回答道，这个策略所带来的结果很可能是，一个或多个少数族裔的权利遭到无法接受的限制。相反，罗尔斯争辩说，未知面纱将促进采用"最小"准则，借此——因为他们不知道自己是否会最终赢得抽奖，和最终成为不是具有超常先天禀赋，就是天生享有性别特权、种族特权或社会阶层特权的为数不多的幸运受益者之一——人们将会想要把所有人能获得资源的最低水平最大化。由此产生的社会看起来既不像一个福利国家（因为过多的控制最终会掌握在少数精英手中），也不像建立在自由放任资本主义之上的自由意志论社会（一个财富和权力很可能会出现更大偏差的社会）。由于过多的控制权会被国家占有，所以它甚至不会成为一个社会主义体系。罗尔斯总结道，反而，我们将要么拥有财产所有民主制，要么拥有社会民主制——换句话说，一个接近某些欧洲（尤其是北欧）国家的实际情况的国家。自然地，反对这样的结论是完全可能的。更难做到的就是理性地证明任何其他的社会在什么意义上会比这一个更好，只要我们一致赞同，在本质上正义就意味着公平。

第六部分

上帝是什么样子呢？

两种思维

第 16 章
你大脑中的上帝

如果上帝不存在，那就发明一个。

——伏尔泰

杰夫·诗密尔（Jeff Schimmel）是一位来自洛杉矶的作家，成长于保守的犹太人家庭。在 20 世纪 90 年代末，在他的大脑左颞叶摘除了一个肿瘤，这个手术在许多方面都称得上成功，但却导致了他性格上的深刻变化。诗密尔隐隐约约开始认为，有时人们有点不真实，他们仿佛都是动画人物；他开始听见在他脑袋里有声音，然后看见幻象。他解释那些幻象中有一个是圣母玛利亚（Virgin Mary）的外貌，一个犹太人受到天主教圣像拜访的讽刺意味并没有在他身上消失。诗密尔回去找他的神经科医生就诊，并接受新的核磁共振扫描（MRI），对他手术之前和之后的大脑进行比较：两者果然截然不同。受影响的颞叶已经萎缩变形，并覆盖着疤痕累累的组织。这些组织导致他在视觉和听觉上产生幻觉，因为疤痕已经开始引起随机的神经元放电，实质上，造成诗密尔颞叶癫痫的症状。他的大脑已经转向了宗教。

诗密尔的病例肯定不是人们第一次发现在一个失灵的大脑和宗教体验之间的联系。事实上，两千五百年前，正是希波克拉底

（Hippocrates）将癫痫标记为"神圣的疾病"。不过，诗密尔没有把他的遭遇视为一个问题，而是将其视为一个机会。他觉得自己是一个更加完好、更具灵性的人，并且接受了佛教（是的，我知道，一位看见了圣母玛利亚的犹太佛教徒），形成了他新萌生的宗教意识。无论如何，这个和其他的来自神经生物学和认知科学的证据提出了一个问题：在我们的头脑里，而不是在"虚无缥缈的远方"，究竟存在多少宗教与神明。考虑到宗教对大多数人的意义感和一般人生观而言有多么重要，对宗教信仰的生物学基础着手进行一个小小的调查对我们将会很有用处。谁知道呢，我们也许会找到办法，不需要患上癫痫，或甚至完全无须求助于宗教，就能成为更优秀的人。

事实证明，科学能够以许多种方法诱导神秘的经历带来主观感觉，而不必使用非法药物。在这一领域，最著名的系列实验也许是迈克尔·波森哲（Michael Persinger）在加拿大劳伦森大学（Laurentian University）进行的。波森哲发明了一个设备，试图精确地重复——在安全可控的条件下——非常偶然地发生在杰夫·诗密尔身上的那种情况。波森哲将之称为"上帝的头盔"：一个改装的摩托车头盔，能够产生小型但高度局部化的电磁场，它对大脑右颞叶中的特定区域产生刺激，从而在实验对象身上引发各种反应，包括感受到一种存在，即使实际上他们都是单独待在实验室的房间里。

如果出现在你房间里的超自然现象不合你的心意，那么，神经科学家可以为你启动一个灵魂出窍的经历，这是另一个被人反复讲述又高度情绪化的现象，许多人将之援引为非物理现实存在的证据。为了达到治疗癫痫的目的，奥拉夫·布兰克（Olaf Blanke）和他的同事在瑞士日内瓦和洛桑大学医院（the University Hospitals of

Geneva and Lausanne in Switzerland），使用电极刺激大脑的不同部位。他们发现，当他们诱导的电流通过被称为右侧角回的区域时，实验对象经历了他们所谓的"全身位移"或灵魂出窍的体验。研究人员得出结论，每当大脑不能将躯体感觉信息和前庭神经信息加以整合时，也就是说，当你的身体位置的感觉与你对平衡的评估不一致时，这些体验就会发生。有意思的是，人们注意到，所谓的本体感受（即内心的感觉，告诉我们在哪里我们的身体终结，以及于何处宇宙其余的事物开始）上的类似损害也是由各种各样的往往与神秘的经历有关系的其他刺激造成的，包括禁食、摄入迷幻性药品，以及——最显著的——深刻的祷告或冥想（因此"和宇宙合而为一"的感觉会经常在这些案例中有报道）。

　　当然，复制各式各样神秘经历的科学能力没有排除神明和先验境界的存在，毕竟，如果我们能够有真实的神秘经历，就必须以某种方式涉及我们的大脑，因为这是我们体验一切事物的方式，无论是一个具体的实物还是一种幻觉。事实上，更广义来说，无论是科学意义上还是哲学意义上，证明没有超自然现象的"虚无缥缈的远方"（即不受人类心智控制）是根本不可能的。不过，如此认为似乎也是合情合理的，科学越多地深入探究神秘主义，就越能够发现解释神秘经历出现的方法，我们也越发理性地迫使自己倾向于认为：这些经历是在非同寻常情况下人类大脑工作（出故障）的结果。

　　以下是看待这个问题的另一种方式。假设某人声称观测到一架飞碟，并对其颜色、形状和运行轨迹做了详细描述。你调查后发现，大约在同一时间和地点，还观测到一个异常巨大的陨石。而且，该陨石与那架飞碟颜色相同，也是同样的飞行模式。我们的目击证人，当被告知有关陨石的消息时，可以轻松地答复："没错，但是这并不能证明没有飞碟啊。仅仅因为你对我看见的东西有一套自然主义的解释，这并不意味着外星人不存在。"请注意这里正在发生的事情。首先，与飞碟解释相比，人们更倾向于陨石之说，原因并不是这证明了飞碟不存在，科学不会以这样的方式解释问题。确切地说，接受自然主义的解释反而更加合理，因为：（1）有一个现有的解释与事实非常相符，和（2）在外层空间有一个真实的太空飞船的结论是一个令人非常吃惊的宣告，而且现有的证据与这种宣告根本不相符。即便如此，从对一个特殊事件的解释当然不会得出（一般来说）"外星人不存在"的结论。但是同样地，只有当相信外星人存在是基于令人信服的事实，这个信念（或就此问题来说，其他任何信念）才变成理性的。仅有可能性是完全不够的。

尽管有许多关于信仰和证据之间比例的科学证据和哲学讨论，事实仍然是，有很多人对神秘的东西和超自然的事物难以全然不放在心上。这是为什么呢？我们将在本章的其余部分还有下一章节里研究这个问题，在几个不同的分析层次上寻求答案：大脑的化学，人类状况的心理学和社会学，甚至还有智人（即我们自己这个物种）的进化生物学。这是一个重要的寻找，不仅因为我们的人生观及其意义在是否依赖于我们拥戴超自然信仰方面有深刻的不同，还因为我们的生命受到很多相信各种神明的人的影响，甚至这些人只是简单地相信改变命运的神秘力量的能力。

让我们从我们头部里面发生的情况开始吧，尤其是简单大脑化学物质对于我们迷信的程度所能够产生的令人吃惊的影响。彼得·布鲁格（Peter Brugger）是一位（瑞士）苏黎世大学医院（the University Hospital in Zurich, Switzerland）的神经科医师，他进行了一项颇为有趣的实验，以探究在怀疑论者与相信超自然现象或超验现象的人之间脑部方面有什么差异。众所周知，有信仰倾向的人们，也倾向于"识别"实际上是随机信息的模式。但是，怀疑心更大的人们，会漏过真实模式，因为他们对于接受肯定性的结论，持有一个比较高的门槛。因此，布鲁格表明，有宗教信仰者往往能够看见实际上毫无意义模式里的文字或面孔，而当某些文字或面孔实际上存在时，怀疑论者却没有辨认出它们。

　　无论如何，请看，这是布鲁格的调查结果中令人震惊的部分：他和他的同事们采用了左旋多巴，这是一种通常情况下医生开给帕金森氏综合症患者的药物，因为能够增加大脑中多巴胺（神经递质）的水平。服用这种药物之后，怀疑论者看见了比以前更多的面孔和文字，他们对于实验的反应变得更接近有宗教信仰者的反应了！有趣的是，该药物并未进一步增强信徒在什么都没有的地方发现模式的倾向性，也许因为在人体中有一个不再发生变化的稳定阶段，即一个可导致"迷信"的上限。现在的问题是，为什么多巴胺会和我们看见周围世界里模式的倾向性有关系呢？在下列事实中我们可能会找到一条线索，即多巴胺是我们大脑奖赏系统的一部分：当我们做正确的事情时，多巴胺会导致自我诱发的天然亢奋。发现模式以帮助我们理解和浏览世界，总体上说是一件好事，所以我们的大脑会为此奖励我们。布鲁格的实验完全说明，在多巴胺奖励和趋向于看见模式之间，存在有联系上的自然变化：非常迷信的人以及怀疑论者占据了这个分布的两个极端，其余的人们则散落在分布的中间。

　　然而事实证明，不仅仅只有愉悦的感觉在神经学上与迷信有关，恐惧亦然。德克萨斯大学奥斯汀分校（the University of Texas at Austin）的珍妮弗·惠特森（Jennifer Whitson）和西北大学（Northwestern University）的亚当·加林斯基（Adam Galinsky）证明了，对于一个给定的情况缺乏控制力——对我们大多数人来说是相当令人不安的状况——会增加我们迷信的倾向性。那种对于在我们身上所发生的事情无法控制的感觉，激活了大脑中被称为杏仁核的区域，正如我们之前所看过的，杏仁核与我们的情绪反应，尤其是恐惧紧密相连。然而，察觉到所发生事情的模式允许我们合理化当前的情况，甚至做出对未来发展的预测。这反过来也减轻了我们的恐惧——正如事实上所证明的，不论我们针对情况新发现的"控制力"是否基于现实。

在文化人类学文献中有证据表明，迷信和缺乏控制力之间有关系。例如，如果特罗布里恩德群岛（Trobriand Islands，即巴布亚新几内亚）的氏族部落倾向于在深水海域而不是浅水海域捕鱼，他们就会上演明显更仪式化的行为。为什么呢？第一种情况远比后者更加不可预测（例如，因为突然的暴风雨，以及通常较为陌生的渔场），迷信程度的增加显然弥补了不确定性和恐惧的加深。相同的影响可以在竞技运动中看到：一个众所周知的事实是，棒球投手比守场员更加迷信，所以，认为较之于投手，比赛结果对于守场员来说，可预测性大得多，这个考虑是合理的（事实上，这个模式甚至适用于同一个球员，当他从投球切换到防守时）。

所以惠特森和加林斯基通过一组六个实验，对缺乏控制和感知虚幻模式（迷信的一种形式）之间关系的不同方面进行了测试，在试验中，他们可以操控提供给受试对象的模式类型和受试对象所体验的控制感觉。在第一个实验中，他们证实了增加缺乏控制确实加大了受试对象对看见模式的需求。第二个实验又做了进一步验证，通过显示感知模式需求的上升转化成了实际感知（虚幻的）模式的增强（在这个案例中，研究对象看到的图像其实也不过是随机的散射）。此外，第三个实验证实，简单回顾人们经历缺乏控制的情景的记忆，也会增加虚幻的感知。在第四个（别出心裁的）实验中，惠特森与加林斯基得以在缺乏控制和产生迷信的凶兆之间做出区分，他们发现凶兆本身是不够的——正是缺乏控制的感觉产生这种反应。第五个实验侧重于研究在经历缺乏控制时所发生的与资金问题有关的事情，如市场波动和投资决策。他们证明了不确定性产生的错觉确实对投资决策起到了决定作用——明显地，这不是一个健全的财务规划策略。

惠特森和加林斯基系列实验的最后一个实验提出如何切断缺乏控制和迷信之间的关系的问题，这给我们带来一线希望。所有必需的事情就是给受试者一个坚信自己的机会，也就是提醒自己，他们实际上能够处理各种情况。每当这种情况发生时，缺乏控制和迷信之间的关联就会消退至基准水平。作者总结说，心理治疗（广义上的"谈话疗法"）可能是一种方法，能让人们重新获得对困难情势的控制感，而这仅仅是因为心理治疗能使他们构建一个故事，让发生在他们身上的事情都讲得通，从而削减对迷信的需求。

话又说回来，对于一本专门探讨追求科学和理性的书籍来说，我们可以严肃地提出一个看起来可能比较奇怪的问题：迷信管用吗？我当然绝非暗示参与迷信仪式（就像为了好运，篮球传奇人物迈克尔·乔丹总是在正式球衣下穿他的大学球衣）会给人们特别的因果力量来改变自己的命运。不过也许迷信起作用的方式类似于医学中安慰剂的作用：在限制范围内，如果患者认为他们在服用一种药物，而非一颗糖球，他们实际上感觉好多了，甚至他们身体健康的一些客观生理指标也得到改善（不管怎样，在你考虑要过多依赖安慰剂作用之前，记得以下警告：这样的作用是短期的，并且对严重的疾病无效）。

科隆大学（the University of Cologne）的莱桑·达弥施（Lysann Damisch）、芭芭拉·斯多博拉克（Barbara Stoberock）和托马斯·穆斯魏勒（Thomas Mussweiler）正是转向研究这一可能性取得了令人吃惊的结果。这是另一个多项实验研究，并且值得我们简单地了解一下这个序列实验，和达弥施与她的同事们在他们优质一流的工作中能够证明的东西。首先，他们确认，"激活"实验对象的迷信行为——通过让他们带着实验者所说的可以带来"幸运"的球执行任务——实际上的确改善了表现。认为自己使用了幸运球的人们，比起认为自己使用普通球的人们，得到了好得多的分数。结论是：迷信是管用的！但寻根问底的好奇心希望知道迷信是如何起作用的？是不是因为迷信"激活"使人们受到鼓舞，和额外的自信心起了作用呢？显然不是：这些研究人员的第二个实验能够把迷信的影响从简单鼓励的影响中梳理开来，而且事实证明，迷信确实造成了区别。

第三个实验开始研究负责受试对象改进后表现的实际心理机制。事实证明，唯一可测量的差异是，深信迷信思想的人们也经历了一个更高程度的"自我效能"。也就是说，对于自己将要完成实验设计所交给的任务他们更加有信心。但是，且慢：更出色的表现肯定不只是自信的问题吧？如果是这样的话，这个故事从开始听起来就会非常像那些自助专家，他们认定只要你"相信自己"，你就可以成就任何你想要的事情。果不其然，达弥施和她的同事们在第四个实验中进行了更深入的研究，他们发现，与对照组相比，相信迷信的人对于自己的目标坚持的时间明显更长。这就是为什么他们表现得更好的原因，他们完全就是更加努力！

这个故事的寓意是，因果链看起来像是这样的：

其他条件相同的情况下，你相信迷信 >> 你从事迷信活动 >> 这提高你的自信水平 >> 反过来这导致你在工作中坚持得更恒久 >> 因此你更可能成功。

人类心理学，没有神奇的必要，只是有一些有趣——和有点复杂。当然这些结果是在人为的实验室情境中获得的，但是，它们与我们所知道的"在现场"发生的情况，也就是真正的人类情况相一致。例如，达弥施和她的同事所报告的，在运动队伍的迷信程度和他们的成绩之间存在有显著的相关性。这也适用于球队上的个体球员：球员越迷信，他或她表现得就越好。当然在实地研究中梳理因果要素要更加困难多了，这就是为什么实地观察和实验室研究相结合才能开始告诉我们，迷信究竟是如何起作用的。

既然一切是这样，人类为什么从开始会历经麻烦地接受迷信观念和参加迷信活动呢？为什么不开门见山略过刚刚详细阐述的因果剧情的前两个（甚至三个）步骤，只花更长时间、付出更大努力去取得成功呢？这是事情变得越来越投机的所在，虽然肯定不会越来越无趣，如果我们的目标是了解人类状况的话。密歇根大学（University of Michigan）的人类学家斯科特·阿特冉（Scott Atran）表明，迷信的发生是因为他称之为的"认知的悲剧"。这个理念是说，通过意识可以获得三种能力：理解一个人的现状，铭记过去，和——

至关重要地——预计未来可能发生的事情。与大多数（也许所有）其他动物不同，我们知道我们将会死去，我们的大脑因厌恶而拒绝考虑永久的死亡。死亡是我们无力控制的终极情况，而且我们已经看到，迷信是一个有效的办法，可以减轻因缺乏控制而诱发的恐惧。尽管对于死亡有过哲学上的探讨和理性的思考，死亡仍是恐惧的典型根源，所以我们的大脑为使我们安心，编造了一些故事，说死亡并非是一切真正的终结。

我们从非常年幼的时候就开始这样做了。亚利桑那大学（the University of Arizona）的德博拉·基尔曼（Deborah Kelemen）对孩子们如何看待世界进行了研究，并肯定孩童们倾向于处处看见意图（哲学家说"投射代理"），不仅在动物身上如此（鸟儿去了那里，所以那里有音乐了），在无生命的物体上也是如此（河流存在着，以便我们将船只漂浮在上面）。此外，基尔曼发现儿童非常抗拒进行选择，即非目的论（非目标导向）的解释，也许尽管不像我遇到过的一些固执的成年人那般抗拒。从那里到接受宣称神明和其他控制宇宙的潜意识力量，这一步真的不是很长。

有趣的是，神经生物学研究表明，我们的大脑很早就在无生命与有生命物体之间做出了区别，并且我们会自动地赋予有生命的物体意志。耶鲁大学（Yale University）的保罗·布卢姆（Paul Bloom）说，即使几个月大的宝宝都会辨别两种类别：如果你给他们看一个无生命的但像一个人那样以复杂的方式行动的东西，婴儿们会显得很惊讶，但如果是一个人做同样的行为，则不会引起婴儿任何惊奇的反应。

然而所有这一切，还是没有回答迷信的信念包括对神明的信仰实际上是来自于何处的问题。纵观历史，在不同的人类社会中，实质上迷信一直普遍存在，而且今天，在大约80%的世界人口中仍然盛行。如果我们想要开始更理性地探索生命的意义，我们就需要对迷信追根究底。那么，在下一章节，我们将着眼于这种答案，它来自我们这个时代最成功的两门科学学科的真知灼见的结合：认知科学和进化生物学。

第 17 章
宗教的演变

所有愚行中，最常见的是热衷于相信并不真实的事物。这是人类的主要消遣方式。

——门肯（H.L.Mencken）

思考一下这个有趣的实验：假设你饿一只鸽子，使其体重减至初始重量的四分之三，然后你把鸽子放入一个笼子里，并且每隔一定时间发放一些食物，确保鸽子的行为和食物的接收之间没有任何关联。奇怪的事情发生了：这些鸽子变得迷信。众所周知，斯金纳（B.F. Skinner）确实做过几次这样的实验，他发现：

一只鸽子习惯地绕着笼子逆时针转圈，在补充食物的间隔，转了两个或三个弯。另一只鸽子反复地将头伸进笼子上端的一个角落。第三只逐渐出现了"仰头"的反应，它好像把头放在一条隐形的棒子下面，而且重复地抬起头。两只鸽子的头部和身体动作变得像钟摆一样，脖子向前伸着，从右向左激烈地摆动，接着又慢慢地收回来。大多数情况下，鸽子的身体都遵循着这个动作，偶尔还会走几步。另一只鸽子习惯性地做出不完整啄食或拂掠之类的动作，俯向地板而又不接触地板。

斯金纳的鸽子发生了什么事情呢？它们尽力重复马上得到食物之前做的那些不管怎么样的行为，想必是（在无意识中）希望重复那些行为将使食物再次出现。

从哲学上来说，鸽子（再次无意识地）犯了一个典型的逻辑谬误，被称为"后此谬误（post hoc ergo propter hoc）"，这个有趣的拉丁文意即"在此事件之后发生的一切，便意味着一切都因为此事件而发生"之意。如果当鸽子这么做你觉得很滑稽的话，仔细想想，这大概是人类犯的最常见的推论错误了吧。凡是在重要事情（考试，工作面试，体育赛事）之前，都会穿着他的"幸运"衬衫——或袜子，或棒球帽，或者任何东西——的任何人，理由都是因为曾有一次穿着它得到了理想的结果，这些人表现得都像斯金纳的鸽子。就迷信而言，人类与其他动物的主要差异，如果说有任何差异的话，就在于其他物种一旦弄清楚这种迷信实际上并没有用的时候，几乎就会立即放弃这种愚蠢的行为，但是人类则相反，会无休无止地找寻各种方法使他们一次次的失败行为变得合理，同时不断强调这些迷信行为实际上"管用"的那一次或那几次。

迷信如我们在最后一章将讨论的，扎根于人类的大脑，并且是宗教信仰的根源。经过编目的宗教有 4200 个左右，这是一种关系到所有人类的现象，不论一个人有没有宗教信仰，我们都需要理解该现象，以便明智地引导我们穿越人类存在的迷宫。就像我们的老熟人大卫·休谟在《宗教自然史》（*The Natural History of Religion*）中所说的名言："由于每个涉及宗教的问题都极为重要，尤其有两个问题引起了我们的注意，即宗教基于理性，源于人性。"

　　冒着会令一些读者失望的风险，我将忽略休谟的第一个问题，即宗教信仰的理性基础。在我看来，宗教是完全没有理性基础的。这一点在其他很多书籍中已经有了生动有力的定论。有兴趣的读者可以很容易地找到赞成和反对神明存在的权威论证的一流记述，最近有几位作者已经重申和更新了反对神明存在的案例，因此，我觉得没有必要在这里浪费时间来重复第一个问题。现在，我们还剩下休谟所提出的第二个问题：什么是宗教信仰的起源？这个问题尽管非常复杂，却十分令人着迷。要想继续讨论下去，我们需要提前做一些更加精确的说明。

　　迷信思想和看不见的因果关系实体（神、鬼、灵魂等）关系密切。宗教是一套经过组织的信念，伴有进行宣传的某些社会机构。首先，让我们区分迷信思想和宗教之间的不同。显然，没有前者，后者就不会存在，但是这并不意味着理解迷信的起源等同于理解宗教的起源。试想想这个显而易见的事实，正如我们所看到的，其他动物表现出迷信的行为，但据我们了解，人类是唯一拥有宗教信仰的动物。更为复杂的是，甚至理解一种现象的起源，这并不能告诉我们关于这种现象为什么会持久和普遍地存在。例如，著名的社交网站"脸书（Facebook）"起初是为哈佛校友保持联络和累积人脉而创建的一种社交方式，但"脸书"却令人意外地一直持续了下来，数以亿计的人们因为找到志同道合或发现与他们在某一领域相通的网友而感到喜悦。不只是与朋友和家人，人们还与一大批陌生人交流。

　　第二，一种现象可能有不止一个起因，这些起因也许作用在几个不同的层次，从而给我们提供多层面的理解。众所周知，这些起因是亚里士多德指出的，他区分了四种类型的起因，我们可以用下面的例子对这些类型加以解释说明。如果你在曼哈顿联合广场闲逛的话，在第十六街的拐角你会看到一尊身穿18世纪服饰的尊爵不凡的绅士的雕像。如果你要问这尊雕像怎么会碰巧在那里——那尊雕像在曼哈顿中心存在的原因是什么——根据亚里士多德，你需要找到四个不同且互补的答案。首先，这座雕像是由青铜铸成的，这就回答了一样东西是由何种物质制成（亚里士多德称其为物质起因）的问题。其次，你可能会问这尊雕像代表谁（亚里士多德的形式起因）：原来雕像是以法国侯爵拉斐特（Lafayette）为原型铸造的。第三，你也许自然而然地想知道雕像是由谁雕铸的（亚里士多德的效能起因），答案是雕塑家弗雷德里克-奥古斯特·巴托尔迪（Frederic-Auguste Bartholdi），他还是设计自由女神像（the Statue of Liberty）的那个人。最后，你可能会问，为什么雕像会放在那里呢（亚里士多德的终极起因）？原因是，法国政府希望借此对纽约市在普法战争期间对巴黎提供帮助表达感谢（因为拉斐特是美国革命的英雄，所以法国政府选择他作为代表）。

正如你所看到的，即使像"雕像怎么会刚好在那里？"这样一个看似简单的问题，也能按照因果关系分成数个层次。值得注意的重要事情是，这些层次并不相互排斥：亚里士多德标识的四个起因都有助于解释雕塑的存在，而且从不同的角度做出解释。而且并不是终极起因（为什么雕像会在那里呢？）胜过物质起因（雕像是由什么组成的？）或更加绝对必要。为了理解本章的余下部分，请牢记这一点，因为在迷信和宗教的讨论中存在大量的不同类型解释造成的困惑。

谈到对迷信和宗教同时发生的解释，我们提出了三种可能性：如前一章节所述，认知科学的解释告诉我们关于人类大脑是如何参与迷信思考的。其次是生物和文化的解释，其目的是把宗教分别作为进化力量和社会力量的结果进行解释。用亚里士多德提出的多层次因果关系意识的知识做准备，我们可以马上认识到，这三种解释并非相互排斥的宗教描述，反而是相互不同和相互强化的解释层次。更明确地说，人类大脑所具有的倾向于迷信思考的神经生物学特性，使宗教变得可能。这就是宗教为什么会存在的答案（和亚里士多德的前三个起因的研究对象）。但是，我们同样地还想知道宗教为什么会发生（亚里士多德的终极起因）。怎样的生物和文化力量造就了它，致使人类不仅与其他动物共享迷信倾向，还推动这个概念，使之成为他们生活的基础甚至是全部呢？

当应用到宗教上时，也许这一切关于起因和解释的谈话听起来有点怪异。事实上，这是科学近期才出现的趋势。长期以来，科学家们尽可能地远离宗教，可能是由于两者之间的关系有着动荡不安的历史（想想伽利略，或是更糟糕的布鲁诺），再或许是因为人们认为相较于世俗的科学事业，宗教的话题显得过于神圣而令人生畏。然而，一个简单的比喻就足以表明，想要以科学为基础去认识宗教没什么好奇怪的，也不是那么尴尬。想想语言，另一种人类物种的普遍特性，就我们所知，这个特性对智者来说也是独一无二的。如果我们希望理解语言，可以使用相同的我们将要在宗教的案例中讨论的三种解释方法：认知科学、生物学和文化。

毫无疑问，语言成为可能是因为人类大脑的某些结构。举例来说，大量引人入胜的神经生物学文献中记载了大脑哪些区域指定代管语言机制，以及如果这些区域由于疾病或意外多少有点受到损伤的话会发生什么。布洛卡氏区（Broca's area）是人脑中控制正确使用语法的区域，还掌控我们如何将单词组成句子。而韦尼克氏区（Wernicke's area）帮助我们分析和理解别人的句子。所以，布洛卡氏区的损坏会导致不合文法、但合乎情理的讲话，相反，韦尼克氏区的损伤会产生语法上正确，但毫无意义的句子。甚至还涉及第三个区域，大脑外侧裂缝，这个大脑组织的介入在生理上将通常的人类涉及语言的区域和存在于其他动物大脑中的神经结构分隔开来。

但是请注意，虽然神经生物学为我们解释了为何人类拥有语言能力，但它并没有在另外两个重要方面提供线索：我们是如何开始取得此能力的，以及在人类社会中为何会有这么多种不同语言的存在。现今世界上大约有 7000 种被认可的存在于口语中的语言，如宗教一样，使用各种语言的人群数目差异极大，从有 8.45 亿人使用的中文（Mandarin），到乌拉尔山脉，据称只有两个人使用的是泰尔萨米语（Tar Sami）。如果你想知道的话，英语位居第三，拥有 3.28 亿使用者。

到此，生物的和文化的因素开始加入我们的讨论。让我们先从文化因素开始，因为就语言而言，理解文化因素更容易些。相当丰富的历史记录使我们能够追溯人类语言在过去几千年中的演变。例如，丹麦语、冰岛语、挪威语和瑞典语全部源自北欧古斯堪的纳维亚语，我们可以将这些语言的演变与相应人口的迁徙模式一一对应起来。我们也可以追踪个别单词的演变，例如《牛津英语辞典》（*Oxford English Dictionary*）每一个版本中的英文记录。例如"辞典（dictionary）"这个单词就可以追溯到 16 世纪初，该词源于中世纪拉丁语。话语总和（dictionarium），意为"词汇的手册"。话语总和这个词，反过来又可以追溯到拉丁语 dictio，它的意思是"单词（word）"。事实上，语言仍在不断地发展：例如，模因（meme）这个词语（我们稍后会再遇到）指文化传承上的一个单位，类似于一个基因（gene，生物遗传的单位）。基因这个词语是理查德·道金斯（Richard Dawkins）1976 年创造的，他在他的畅销书《自私的基因》（*The Selfish Gene*）中使用了该词。

所以现在，我们对语言怎么会是可能的，和语言是如何随着时间变化的有了更好的了解。但是什么能够解释为何我们一开始就拥有语言呢？答案不能只是"沟通"，因为许多其他物种并不使用语言（语言被定义为，不只是传递有意义的声音或符号的能力，还必须具备文法）进行沟通。答案也不能是伴随着"否则我们怎么能履行复杂的任务，比如把人类送到月球上呢？"（或搭建桥梁，或使用脸书，或进行任何其他复杂的文化活动）这样的文字的东西。在大部分的人类历史中，我们从来没有参与过太空旅行（或桥梁的建设，或虚拟社交网络），所以以物竞天择的生物进化过程不可能因为这些原因才导致了语言的产生，那么语言为什么会发生呢？

我们的确不知道。但我们已经提出了几种假设，例如，语言能力进化了，为的是更好地协调狩猎大型动物（虽然古生物证据显示人类似乎鲜有做这样的事情），或是为了促进社会交流（但是再次地，为什么早期人类需要这样一个复杂的工具来处理很可能少于 150 人的群体的社交，其必要原因仍不清楚）。当然，语言的产生肯定也不是因为我们最终会阅读莎士比亚文学和创建自己的博客空间。我们确实知道的是，语言在人类世系中进化相对较晚，肯定是在我们逐渐演变为直立的姿势之后才发生的。这是非常清楚的，因为有事实为证，早期的原始人类，如著名的露西，阿法南猿（Australopithecus afarensis）的一员，虽然已经双足站立，却保留下来一个小小的，大概缺乏与语言关联的解剖学区域的大脑，所以要想从这个事实来证明语言进化发生于直立的姿势之后，是缺乏说服力的。事实上，我们花了很长的时间才到这一步：人属动物（我们的物种所属）大概从 250 万年以前才开始演化，但是我们的最佳估测告诉我们，语言仅仅是从过去的 3 万至 10 万年间才发展起来的。

正如我们在第 4 章所看到的，想要验证关于人类行为的进化的假想是非常困难的，特别是那些人类独有或几乎独有的行为，因为几乎不能与其他物种进行任何比较，而化石记录通常不是很有帮助。事实上，虽然化石记录给我们讲述了关于人类生理特性的精彩故事，这些生理特征（在人类大脑尺寸，还有喉头，即允许我们为了说话而清晰发声的解剖特征的演化方面）与最先的直立行走和后来的发展语言关系密切，但是它对于产生能够谈话这种行为特征的进化过程却鲜有或没有说明。我们很快就会看到，对在进化方面我们合理推理的这种限制，也适用于对宗教演变的研究，而且原因是相似的。

近期，已经有很多文章提到了关于宗教的生物演变和文化演变，而且在这里，就这个话题，我甚至肯定不能证明通俗文学是公正的，更不用说技术上的文献了。然而，首先要提请注意的大概是，以谈论"生物性"演变来反对文化是错误的，有两个原因可以说明。其一，文化本身是会演变的，虽然是以与有机体的非文化属性不同的方式。其二，各种文化和其他任何事物都具备一样多的"生物性"。人类不是唯一具有文化的动物，以此来说，某些类型的社会行为不能直接追溯到动物的基因组成。因此，遗传进化与文化进化之间应该是有区别的，虽然二者本质上都是生物性的，就像（生物性的）有机体所完成的任何其他事情一样。

让我们先谈一谈遗传进化。这里的概念是，通过物竞天择和其他手段的现代版的达尔文进化论，可以为我们作为人类为何会从事某些行为提供深刻的见解。我认为我们在第 4 章所看到的基本上是正确的：生物学可以为某些在哲学（在此情况下主要是道德哲学）和心理学中的辩论提供信息。事实上，自从弗洛伊德学说（Freudianism）作为包罗万象的心理学理论消亡，这门学科留下了大量的引人入胜的关于人类行为的经验资料，但是没有很多潜在的理论使得这些资料具有意义。我所不相信的——像我们将在后面几个自然段看到——是进化生物学本身便可以提供这样的理论。

　　每当生物学家思考包括行为在内的任何特征的遗传进化时，他们都面临着三大类别的解释：该特征凭自然选择法则进化，因为该特征适应性强（它增加了有机体的适应能力），或者它进化是靠偶然过程（技术上称为"随机漂移"），或者该特征的形成是作为本身就具备很强适应性的其他特征的副产品。我们来考虑几个例子，就像这个事实，我们有一个心脏来输送血液，这实际上是物竞天择的结果。心脏是一个复杂器官，具有具体的和重要的功能，所以它不可能以意外的方式进化，也不太可能作为某些其他特征的副产品而出现。但是另一方面来说，基因漂变可能是与生存无关紧要的变化类型的原因：例如，男性胸膛上的毛发数量。在某些气候带，特别多毛也许很重要，但是毛发的精准数量没有任何意义，所以，这个特征演化是通过随机挑选任何基因，造成不同的多毛程度的结果。那么副产品是怎么回事呢？心脏再次代表一个很好的例子，这次不是心脏的主要功能，而是心脏搏动时制造一种噪声的事实。这个噪声对于生存来说并非必需，因此不受优胜劣汰的挑选。它之所以存在，是因为心脏跳动会发出声响，而这是不可能避免的。因此这个噪声就是其他事物（输送血液的能力）进化下的一个副产品。

　　那么宗教又如何呢？我们可以安全地将基因漂移排除在可能的起因之外。这一概念在生物学中已完全确立，即漂移并不会导致复

杂和 "昂贵"（就能量而言）结构的进化，宗教毫无疑问地符合这个要求。宗教一定不是精选品就是副产品。就精选品而言，几位作者提出，宗教很可能受到偏爱，因为它促进亲社会行为。这个理念是说，宗教是个体组成的更具凝聚力的团体，其成员都更愿意帮助并为团体内的其他成员做出牺牲，在同那些其成员较少倾向有凝聚力行为的团体的竞争中获胜。从某种意义上，宗教是一种社会粘合剂，通过把威胁和奖励（如永恒的诅咒或永远幸福的来世）相结合的方式，使人们更加合作。然而，要想凭经验来评估这类假设是非常困难的。例如，在 19 世纪的美洲，宗教公社所持续的时间比世俗公社更长，这个证据似乎支持了这种假设。话又说回来，因为在一个公社里，成员资格的昂贵要求程度不同，一旦研究人员在统计数据上进行控制，假设就不成立了——这表明必须付出高昂代价来隶属于某一个团体，而非宗教本身，是让人们坚持下去的主要原因。此外，"亲社会行为"的假说依赖于团体选择的形式（自然选择偏向具有某些特征的团体，而非个人），而且在进化论中有很好的技术原因，因为怀疑在大自然中团体选择实际上发生得非常频繁。最后应该指出的是，其他灵长类动物也会表现出亲社会行为，这种行为依照由该团体其他成员创立的一套奖惩条例强制执行，而据推测，人类没有必要因此而去发展宗教。

　　根据另外一种设想，通过标准挑选机制增加个体（相对于团体）的适应性，自然选择法则可能有利于宗教的演化。就像我们在最后一章将提到的，参与迷信活动容易缓解焦虑和压力，因为迷信能使人对任何导致焦虑或压力的东西感到有控制力（不管这个控制力可能多么地虚幻）。正如我们也讨论过的，在整个生命中，让我们感到最有压力的，就是自身的灭亡。我们将之称为"认知的悲剧"：

一个动物一旦意识到它的存在与宇宙其余部分无关，它也就开始意识到这个事实，即它的存在是有限的——几乎没人能够以伊壁鸠鲁式的安之若素，沉思冥想个人的永恒湮灭。伊壁鸠鲁说过一句名言，"死亡不会引起我们的忧虑，因为只要我们存在，死亡便不存在。而当死亡来临，我们也不复存在。"当我们的大脑预期自身将毁灭时，宗教则演化，进而抚慰我们的大脑，因此这是一种很有吸引力的可能性。证据表明，神经生物学在一定程度上支持上述情况。不过针对以上的可能性，也出现了一些反对意见。其中最明显的是，也许迷信的演变可以用同样的方式解释，但是宗教是一个更加复杂的社会——不单是个体——现象。虽然宗教起源于迷信（在这个意义上，没有迷信，宗教就不可能存在），但它远远超越了迷信。物竞天择是一种非常简约的过程：对于那些需要完成的事情来说，它产生的结果恰到好处，所以，如果简单个别的迷信现象足够的话，很难想象宗教这种高度复杂的社会现象会不断演化。

当然，有许多其他可能的情况将物竞天择和被视为适应特性的宗教联系起来。不过我们已经从这种可能性获得足够的帮助，现在是时候转向其最具说服力的潜在的对手解释：宗教的确进化了，但是是作为其他东西的副产品。准确地说，到底是什么东西的副产品呢？人类心智具有两个特点，两者都是使我们容易产生迷信的潜在因素，并且可能一段时间后惊醒了晚期智人（Homo sapiens），他们导致产生了宗教的文化现象。第一个特点是部分动物物种所共享的，即我们在周遭世界发现非随机模式的能力，这个本领是明显有利于动物生存的。例如，必须明白季节交替的规律，知晓在一年中的不同时间狩猎什么或采集什么（以及后来在人类进化过程中，何时播种和何时收获庄稼），很明显，知道哪些地方更有可能出现食物和水，哪些地方潜伏有掠食者，这些都是很有好处的。

但是，模式寻求都存在一个重要的问题。这个问题出现在上一章，当时我们讨论高水平多巴胺是如何加大我们在没有模式的地方看见模式的倾向性：不可避免地动物会犯错误，会把随机的噪声误会成有意义的信息。物竞天择并没有消除这种类型的错误，这在科学术语中被称为"误报阳性（false positive）"，因为这类错误的代价大概不是非常高，特别是较之于它的反面——误把有意义的信号当成是噪声，称为"漏报阴性（false negative）"。最典型的例子是，如果你听到附近树叶的晃动，你可以判断它是风（随机信号）或是因为周围潜伏着捕食者（有意义的模式）。如果你猜测是捕食者，而事实上只是风声，除了受到惊吓以及浪费了一点准备逃跑的努力之外，并没有造成太大的损失。但是如果你把它当成风声，而事实上却有一只捕食者准备攻击你的话，可以不夸张地说，这样的误判是你在生命中犯下的最后错误了。顺道一提，人们很自然地想知道为什么误报阳性和漏报阴性之间必须存在一个取舍：有没有一个办法把两者的可能性同时都减少到最低限度？事实证明，办法是有的，但这需要收集更多的信息，这样做本身就是一个代价昂贵并且潜在风险很大的事业。我们已经看到这种寻求模式的行为在其他动物身上产生了类似迷信的情况，像一些研究结果所显示的，它广泛出现在我们的物种身上。你可以把这当作迷信的第一根支柱，那么，作为属性因果关系的一个不完美机制的结果：实际上，有时我们想象事物的具体原因实际上是随机的结果，或没有特别意义的过程。

可能使我们倾向于迷信，进而最终信仰宗教的第二个特点是这个事实，即人类（或许还有一些其他灵长类动物）拥有的所谓"心智理论"在他们的行为套路中是根深蒂固的。从这个词的科学意义上来说，它并非是真正的"理论"，而是非常有用的能力（对于社会人），为了理解、预测并对他们的行动做出正确的反应，把媒介投射到他人身上，正如模式寻求行为，媒介投射能够超过有用的范围——像当我们因为电脑无法对我们的指令做出适当的反应时，我们会对它非常不理性地发怒（注意，不是对着电脑的制造者或电脑编程人员，而是对着这台机器）。

我们如何通过结合模式寻求与媒介投影来解释宗教呢？宗教信仰最常见和最简单的类型是万物泛灵论，即自然现象拥有某种形式的灵魂，这是一种弥漫天然神性的想法。由泛灵论而始，更复杂的宗教概念最终浮现，从泛神论（借由自然物体，如月亮、太阳、行星和其他自然现象识别个别的神明）一直到多神教及一神教（化身人类形态的拟人化神灵）。我们很容易就能观察到，泛灵论也许就源于模式寻求与媒介投影，而这两个特性仍然潜伏在宗教信仰的一切形式之下。正是从这个意义上，我们可以将宗教看作是进化的副产品。因为在进化背后，这两种行为特征（在增强个体适应力的意义上）确实对适应性有着重要的意义，并且很可能已经是物竞天择的结果（尽管迄今为止，因为我们对于很多关于前人类物种的演化知之甚少，所以相比媒介投影来说，该结果在我们与许多物种共享的 模式寻求中更为清晰）。

综上所述，我们已经把分析局限于迷信和宗教的基因进化问题上。无论此问题是物竞天择的直接结果，或者，我认为更有可能的，还是预先存在的人类特质的副产品。显然，宗教也受到文化演进的戏剧性程度的影响。现在让我们转向探讨文化演进，以便完成关于宗教如何逐渐成为大多数人生活中的主导性组成部分的描述。

让我们先来确定下为何基因进化不足以解释宗教现象全貌的原

因。我们可以通过两条论据来理解这一点。第一条论据，很容易表明，在人类种群中根本没有足够的遗传变异来解释各种各样的宗教信仰和习俗。也许这有点像是对着桶里的鱼进行射击，因为几乎没有人会真的坚持认为，人类行为的每一个方面都能彻底地由我们的基因来解释。重点是，假设基因确实是唯一的解释或者首要的促成因素，但是只要与我们的信仰有关，用来呈现人类总体中影响行为的基因变体数量大概要比所需要的变体数量小得多，尤其是我们对于超自然的信仰。而在人类基因组里，恰恰没有足够的基因供应。

　　为了更好地理解第一条论据，引进我的第二个论据是有帮助作用的，既然两者彼此相关。回忆一下，早先我举例说明了具有语言能力不同于具有各种实际上的人类语言的能力。我讲到，拥有语言的能力是源于遗传，而拥有各种各样的语言能力是文化演化的结果。也就是说，我们的基因教我们（以某种途径，尽管有一些引人注目的最新进展，但细节远远没有得到清晰的解释）怎么说话，但不教我们说哪种语言。事实上，在人类基因组中没有足够的基因来编撰在一种典型的高级人类语言中的所有单词，像英文、中文或西班牙文，更不用说在遗传上对所有七千种目前常用的语言（与更多已不再使用的语言）编码了。我的观点是，语言能力和出声语言能力之间的差别，非常类似于对迷信的倾向和宗教中扑朔迷离的文化现象之间的差异。

　　如果你仍然不相信，请看另一个例子，它清晰地说明了人类文化现象中任何性质的基因解释的极限。毋庸置疑，我们对于脂肪和含糖食品有着本能的渴求，这个渴求反过来很有可能以遗传编码刻印在我们的本能中。我们充分利用我们遇到的每一个机会存储脂肪和糖，毕竟，缺乏热量曾经决定了生存或者死亡。然而，这个解释没有告诉我们太多（或者如果你更喜欢这样想，解释只告诉了我们"微不足道的真相"）关于食物种类为何如此繁多的文化现象，从快餐店到美食餐厅，从烹饪书籍到《顶级厨师》（*Top Chef*）电视节目，诸如此类。

此时此刻，最需要做的事是考察在本章之初我们匆匆遇到的用一个词总结的概念：模因（meme）。一个模因被认为是一个文化演变的单位，模因综论（memetics）则是一门（所谓的）研究模因进化的科学。正如我们已经看到的，这一概念（和术语）可以追溯到 1976 年出版的道金斯（Dawkins）的《自私的基因》（*The Selfish Gene*），这本书的目的是向一般大众解释一些与直觉相反的进化理论。道金斯描绘了模因与基因（即生物遗传信息的单位）之间的类比，虽然他并没有把这个概念延伸到超越单纯比喻的范围之外（在他之后的人就这么做了）。

在此，请恕我直言：我不认为模因综论对于了解文化演变是如何发生的具有任何帮助。虽然对于模因综论的深入讨论会超出本书的范围和重点，但是我们仍需解决这个问题，因为无论何时，当更广阔的遗传学相对于文化话题出现时，作为读者，你必然会遇见它。

毋庸置疑，文化特质的演变在一定意义上必然远远超越遗传进化。同样很明显，文化特质是通过遵循非达尔文动态而演化的。众所周知，尽管基因是纵向延续的（在大多数情况下，总有些例外），也就是说，是从上一代延续到下一代，但是文化特质则是以纵向（父母传递给子女——根据最近的统计预测，迄今为止，一个人的宗教或政治派别源自其父母的宗教或政治倾向）和横向的方式延续下去的。所以说，文化特质的传承是通过效仿其他个体行为的方式。但是，基因和模因之间的差异类比要比这深奥得多。

首先，模因（不像基因）的界定十分模糊。从因为朗朗上口而在你脑中久久不散的曲调，到"宗教"的全部，都可以被称为模因，这就促使模因成为一个非常模糊的，高度异质性范畴的文化现象。其次，虽然我们知道基因是由哪些物质（一对不同类型的核酸）组成的，但是模因并没有可定义的物理基础。毕竟，模因是思想，思想可以具现化为人脑中的神经模式，为一本书的内容，为储存在计算机硬盘上的位，或为某种完全另外的事物。再次，虽然我们知道基因变异在化学上意味着什么，但对于模因来说，类似的过程再次含糊到无可救药——没有对模因突变的理解，便无法得出模因的科学理论。最后，也是最关键的部分，基因和模因之间类比的根本吸引力，在于我们在文化演变中对所发生事物获得的解释（不仅仅是一个描述）。不过，我们其实没有得到任何解释。

你看，进化论之所以得以像科学理论一般运行——相对于一个空洞的老生常谈来说——是因为我们足够了解基因能做些什么，这样我们便可以预测出哪些基因的出现受益于优胜劣汰物竞天择，而哪些不是出于此。然后，我们才能到现实世界中去检验这些预测，并相应地修缮我们的理解。这就是科学运作的方式。

但是，我们完全不知道模因的"功能生态学"应当如何运作。我们不知道为什么某一段特定的曲调或某一个特定宗教会得到模因选择的青睐，而其他曲调或宗教则不被青睐。作为后果，如果某个特定的模因，比方说《天龙特攻队》（The A-Team）电视剧曲调能传播开来的话，是因为它真正受到了模因选择的青睐。这就相当于，曲调之所以会散播，是因为它被散播了，这就使模因理论受困于同义反复之中。模因理论是个漂亮的比喻，但却完全不存在实际的科学。虽然我不确定这是否是因为模因综论作为一种思想的研究方案存在着根本性的缺陷，或仅仅是因为它是一个相对年轻的事业

（三十五年了并且仍在继续着）。但我们需要牢记的是，遗传学科学在相同年数的时候，相比模因综论迄今所取得的进步，已经取得了令人吃惊的更大进展。目前模因综论仍然对于文化理解上的严谨毫无帮助。事实上，它严重地把水搅浑了。

于是，到目前为止我所看到的新兴宗教演变的总体画面与那个我们已经见过的道德演变类似，或者大概是对语言进化负有责任的。遗传进化提供了模式寻求与媒介投影行为的构建模块，作为适应其他原因（理解自然界的威胁和机会，并能够了解和预测其他人的个别行为）的行为的副产品启动这个过程。这也是可能的，虽然迄今为止我并没有被援引的论点和证据说服，自然选择法则直接有利于宗教行为，要么因为它减轻个体人类的压力，要么因为它是一种亲社会行为，宗教使得一些团体比其他团体更具有竞争力。从迷信和简单的宗教信仰，到现代宗教文化令人眼花缭乱的多样性和复杂性来看，这一变动是文化演进的结果。此过程与标准的达尔文遗传机制不同，它发生在高于达尔文遗传机制的机制之上。所有这一切都替最重要并且最令人费解的人文现象之一提供了一个合理的解释。如果我们的目标要在人力所能及的范围内对世界形成理性的了解，就应该严肃地考虑这个解释。无须说，我所描绘的景象并没有把上帝排除在外，不过显然，他们也并非是必要的。我们将会在下一章节中看到，即使神确实存在，大多数情况下，我们仍然不需要利用他们来获取对有意义和有道德的生命来说很重要的事物。

第 18 章
尤西弗罗困境：人类道德问题

什么是虔诚？什么又是亵渎神明？

—— 苏格拉底

时间是公元前 339 年左右，我们身处雅典，走在西方文明最伟大的人物之一的哲学家苏格拉底身边。碰巧，他正在去往集会的路上，那里是古雅典市民汇聚的主要地方。苏格拉底去那里不是为了买东西，也不是为了去与他的学生讨论问题，而是因为紧急的事情被传唤去皇家柱廊，即执政王（地方法官）办公所在地。这次被传唤的原因是一位与苏格拉底素不相识的名叫麦勒提斯（Meletus）的雅典年轻人，控告他亵渎神明（不尊重众神和不道德），以及腐化雅典的青少年。从柏拉图的《斐多篇》（*Phaedo*）中我们得知，苏格拉底的辩护——在柏拉图的另一本《申辩篇》（*The Apology*）中也有描述——将失败，而且他会被雅典民主政治判以死罪。

然而，哲学史上那黑暗的一天仍然把我们甩在身后了。当时，苏格拉底遇见了一个朋友，那个人也正前往执政王的办公室。我们所谈论的这个人就是尤西弗罗，这个名字也是一个对话的名字。在对话中，柏拉图（苏格拉底的学生，亚里士多德的老师）讲述了一个最有力的论证，该论证曾经用来表明，即使众神真的存在，关于我们他们断定什么是道德的，什么又是非道德的，他们并没有起作用，这个论证与普遍观点相悖。这是一个至关重要的问题，因为我们作为人类而非超自然能力者，不管我们迄今对于宗教做出怎样的论证，对大多数人来说，相信上帝（或多位神）的一个主要原因，就是他们觉得只有超自然能力者才有可能保证一个普世道德观的存在，这暗示着只有那种道德准则的存在，才为我们的存在提供了终极意义。但是如果苏格拉底（或柏拉图，他的贡献与苏格拉底的贡献密不可分，因为后者未曾留下任何只言片语）是正确的，那么神存在与否的问题就与道德和对生命意义的追寻毫不相干了。也就是说，在神学的道路上无捷径可循，我们也仍需继续努力做好我们迄今一直从事的艰苦工作。

那么，让我们用更长一点的时间继续跟着苏格拉底，看看他遇见尤西弗罗后发生了什么事情。在礼节性的相互致意之后，他们打探对方去王室那里有何贵干。尤西弗罗对于有人会起诉苏格拉底感到十分震惊，但尤西弗罗要办的事让苏格拉底更加吃惊，这家伙居然要去举报他的生父，因为他意外地致使一名家用雇员死亡，不过这名雇员却先犯下了谋杀罪。苏格拉底想知道，尤西弗罗怎么能如此确定，以无边的自信断定他所采取的行动一定是正确的。尤西弗罗回答说，他知道自己这么做是对的，因为这也是神的意愿。苏格拉底问，你怎么知道神想要什么？面对苏格拉底明显带着讽刺的质疑，对话者完全不受烦扰，尤西弗罗直言不讳回答道："尤西弗罗最优秀的品质，也是把他，苏格拉底与其他人区别开来的地方，就是他对一切这样的事件的准确理解，不然的话，我还有什么用呢？"

苏格拉底假想很崇拜尤西弗罗，并自称为后者的门徒，以便也能获悉像这样重要的事件。这个设定立刻引发了苏格拉底发问另一个显著的问题："什么是虔诚？什么又是亵渎神明？"别忘了，用现在的话来讲，就如同在问什么是道德，什么又是非道德。尤西弗罗的第一个答案也是大多数人会给出的："敬虔是神所喜悦的，不敬虔是神所不看重的。"换句话说，神定义了道德与否。该答案同样也回答了这个问题：为什么这么多人绝对相信道德不可能离开神而存在，并因此认为，否定超自然能力者就等于拥护道德相对论，由此会更快得出这样的结论：生命了无意义。

但是没有那么快，苏格拉底向他的同伴尤西弗罗指出，根据我们所听到的故事，神在任何一件事情的对与错上面总是持强烈的反对意见。一旦我们意识到一个聪明者应该问一问自己，为什么要欣然接受所信奉的神的道德指示，而不听信另一位对立宗教的神，这就成了一个问题，当然不仅是对多神论，对一神论而言也是问题了。但是苏格拉底这天心情很好，所以他便不再为难尤西弗罗，并且以至少有些道德指示很有可能会得到所有神的赞同为由，帮尤西弗罗开脱（比如毫无缘由的杀人是不被允许的）。但是，苏格拉底对其中一个观点依然穷追不舍，他换了一种方式问道："我首先应该明白的一点是，是因为事情本身是虔诚的或圣洁的所以蒙神喜悦，还是因为事情为神所喜爱，所以才是虔诚的或圣洁的？"让我们非常仔细地审视一下这两种选择——现在被称为"尤西弗罗困境（Euthyphro's dilemma）"的两难选择，当你明白了这种进退两难为什么这么强大时，你就从道德与神学难解难分这一如此普遍存在的误导人们的观念中解放出来了。

首先，让我们来看第二个困境，亦即因为得到了上帝准许，所以某事是道德的。与我们的直觉相悖，在本质上这意味着衡量道德的标准是武断的！如果上帝判决，比如说，谋杀、奸淫、种族灭绝都是准许的，那么，不管这样的想法是多么令人厌恶，或者，不管我们的是非观受到多么严重的冒犯和破坏，我们将必须站在上帝这边。实际上，从不同的经文中不难举例说明，圣经中上帝的诫命放到当今是没有人会遵守的，不论这诫命具有怎样非凡的渊源。让我们从《旧约》中举几个例子。《旧约》是由相信唯一真神的犹太教、基督教、伊斯兰教这三种宗教所共同分享的。这三个宗教加起来总共占据了世界上百分之五十五的宗教信徒（紧随其后的是百分之十五的无神论者和百分之十三的印度教徒）。

在《创世纪》第 6 章 11 至 17 节，以及第 7 章 11 节至 24 节中讲到，上帝毁灭人类，唯独留下了诺亚一家。神还毁灭了地球上的一切物种，每种只留了一公一母，以便日后在地球上重新繁衍生息。

在《创世纪》第 34 章 13 至 29 节中，以色列人在神的应允下，杀了哈抹和他的儿子示剑，又把城中一切男丁都杀了，又夺走了所有妇女、小孩、牛群和其他财货。

在《出埃及记》第 14 章、第 9 章 14 节至 16 节、第 10 章 1 至 2 节，以及第 11 章第 7 节中，上帝将瘟疫降临到埃及人身上（尽管历史中并未记载犹太人曾在埃及地被囚禁）。从道德的观点来看，上帝这么做的原因似乎不是特别具有说服力。他这么做，不仅是为了展示他是独一无二、全能的神，也是为了让以色列代代人都传颂他的神迹。

在《出埃及记》第 17 章第 13 节中，约书亚在神的应允下屠杀了亚马力王和他的百姓。

在《民数记》第 15 章 32 节至 36 节中，有一个人打破了安息日的戒律，而去捡柴生火。普通人看来这可能仅仅算是轻微的冒犯，但上帝却吩咐摩西，让众人用石头将他打死了。

在《申命记》第 2 章 33 至 34 节中，以色列人毁灭了希实本王西宏的所有男女和儿童（不用说这也是上帝允许的）。

在《约书亚记》中的很多章节中（第 6 章 21 至 27 节，第 8 章 22 至 25 节，第 10 章 10 至 27 节，第 10 章第 28 节，第 10 章第 30 节，第 10 章 32 至 33 节，第 10 章 34 至 35 节，第 10 章 36 至 37 节，第 10 章 38 至 39 节）都记录了约书亚行尽杀戮的故事。这其中分别包括耶利哥城和艾城的城民、玛基大城的基遍人、拉吉城的立拿人、伊矶伦城民、希伯伦城民和底璧城民。

我们还可以一直说下去，但是我认为我的观点（和苏格拉底的观点）已经表明得十分明确了。也许我们应该转而赞同尤西弗罗困境中的另一个观点，那就是上帝之所以赞成某种行为，是因为这个行为本身就符合道义，而不是由上帝决定一个行为的道义与否。

只可惜在这个观点上达成一致所带来的仅仅是暂时的释怀。我们不妨设想：假如上帝对于某种行为的批准是因为这个行为本身是道义的，这就说明衡量道德的标准是脱离上帝而存在的，就连上帝自己也容忍它的存在。但如果是这样的话，我们将会得出两个令人震惊的结论：首先，我们不需要神是道义的；其次，我们需要弄清楚道德从何而来。从第 3 章和第 4 章，我们已经得知后者的答案。但是，就目前来说，由尤西弗罗困境而来的结论令人十分吃惊，有宗教信仰的人必须承认，不是道德是武断的，就是上帝与道德毫无关系，即使上帝存在。

当然，很少有人在一开始听到这个结论的时候就能接受，尤其是我们的老朋友尤西弗罗，他不顾一切想要从苏格拉底设法束缚他的这个困境中逃离出来，可惜尤西弗罗失败了，而且他的企图暴露了他逻辑上的缺失。苏格拉底对此这样评价道：

"当你这么说的时候，你的言论立场不坚定却一走了之，你觉得奇怪吗？你会指责我是让他们走开的那位代达罗斯（Daedalus），指责我没有明察另有一位远比让他们兜圈子的代达罗斯还要伟大的艺术家，而那个人就是你自己；正如你将领悟到的，所有的争论殊途同归，都指向相同的观点。难道我们说的不是神圣和敬虔与上帝所喜悦的并非一致吗？你已经忘记了吗？"

苏格拉底，这位极富耐心的老师（或者，要看你如何解读他的性格了。针对社会问题他一直都是一个充满冷嘲热讽的评论家）告诉尤西弗罗，他们的讨论现在必须从头开始了。但是尤西弗罗再也无法忍受，他辞别了苏格拉底。尤西弗罗的退场，可以说是在西方文学中出现的最为失礼、最为仓促的一次撤退了。他对苏格拉底说："下次吧，苏格拉底，因为我有急事，必须现在就走。"

但是《尤西弗罗》对话记录于 2400 多年以前，其结论对于整个犹太教、基督教、伊斯兰教对神学与道德之间的关系的概念来说都是具有毁灭性的。事实上，这个结论对于任何一个试图将神与伦理（基本上就是这些了）联系起来的宗教而言，都是具有毁灭性的。对于柏拉图的观点，当时人们会期望一些积极的反应。有些神学家确实已经接受了这个挑战，即使在我看来，大多数哲学家都会承认柏拉图的观点是无懈可击的。既然这是一个重要的问题，我们还是简单看一下反击尤西弗罗困境的三个标准异议。

可能最为著名的反击意见是有史以来最具影响力的神学家之一托马斯·阿奎那（Thomas Aquinas，1225 — 1274）首先提出的。阿奎那指责苏格拉底（或柏拉图）使用了逻辑谬论（这对于哲学家来说是非常不妥的），具体地说，就是这个虚假困境的谬论。此种情况经常发生在这样的情况下，当一个人实际上有更多的现成的选择时，却只给了两种选择。

政治家尤其擅长玩弄这类事情（比如"你不是与我为伍，就是与我为敌"）。阿奎那承认，因为上帝认为它是好的，它便是好的。这位神学家继续论证说，但是，这仅仅是因为成为最好的是上帝的本意，而这保证了他的指令事实上会符合道义（人们可能会得出结论说，阿奎那对我们上文中摘录的旧约经文不够熟悉，或者他并没有把这些经文当一回事）。但是，这么做绝非令人满意，从理论上说，因为这相当于拒绝了神对于道德的神圣旨意，而神对于道德的神圣旨意是宗教的重要基础。除此之外，它基本上把人钉在了尤西弗罗左右为难困境的第二个尖角上：毕竟，如果上帝不得不按照自己的本意以一定的方式行事，那么，在真正意义上，道德就是不受上帝支配的，同时还不仅说明了上帝有局限性，而且使得人们能够靠自己来判断道德是非曲直。

现代神学家理查德·斯威伯尔尼（Richard Swinburne）做了一个更为复杂的尝试。它采用了折中的办法，提出道德价值观有两种情形：一种是无条件的，另一种是有条件的。换句话说，有些道德规则是普遍而绝对的；而另一些就将视情况而定。根据斯威伯尔尼所言，绝对价值观适用于所有人们能想象到的境况，禁止强奸或者谋杀就是例证。相反，有条件的道德观并不是任何地方任何时间都站得住脚，比如，在一年中的某个特定时期内禁用某种食物。然而，对笃信宗教者来说，斯威伯尔尼的策略对情况几乎没有增益：如果绝对价值观不依赖特定环境的话，那么人们就可以借着理性而达到道德的标准（这当然也是大多数道德哲学家所研究的课题），这就再次回落到尤西弗罗左右为难困境的第二个尖角上，即我们不需要上帝告诉我们应该做什么。在这种情境下，上帝最多也只是在次微的行为方面，告诉我们他的个人喜好，坦白地说，这跟道德似乎没什么关系（我的意思是说，谁会因为我决定在星期五的时候吃肉或在安息日的时候工作而受到伤害呢？显然，只有上帝的虚荣心，以及我的牛排所取自的那头牛会受到伤害）。

最后，我们来论证现代宗教哲学家罗伯特·马修·亚当斯（Robert Merrihew Adams）针对尤西弗罗困境所做的迄今为止最复杂的回应。亚当斯把像"对"与"错"这样的词区分为两种不同的含义：一种是指我们大家使用那些词汇时都用的意思，甚至连无神论者都可以共享的一种理解；第二种含义是宗教专用的，仅仅用来表明上帝的要求，不管普罗大众对这些要求做出怎样的道德判断。根据亚当斯的观点，关键是因为上帝就其本意是良善的（对此我们是如何知道的非常鲜为人知，因为考虑到证据是在某些神圣的经文里，不过，为了论证就让我们继续下去吧），这就是为什么对（或错）的两种含义实际上是一致的。然而，还是按照亚当斯所说的，上帝完全可以决定下不同的命令（事实上，我觉得上帝已经一次又一次地做出了这种决定），从而区分"对"的两种含义，举例来说，通过将强奸、谋杀、抢劫在第二层含义中变得"道德"，借此分开"对"的两层含义。我不知道你们是怎么想的，但这在我听起来，就像是一个令人难以置信的思想训练方面的练习，旨在拼命避免得出这个结论，即柏拉图是正确的。事实上，我们绕了个大弯子，以一个迂回的方式回到了尤西弗罗两难困境的其中之一，即承认道德是上帝武断定义的，并因此凡是他所说的都必须站得住脚，这仅仅因为上帝是如此大有能力，以至于任何对神的抵制都显得愚蠢至极。但是因为这个理由，人类历史上所有以武力犯下的种种暴行，在某种意义上也必须被认为是"道德"的，因为它们是非常权力个人做出的决定所产生的后果。如果你持这样的道德观，那么，我想我们的问题出现了。

如果把我们对上帝的信仰方面科学所告知我们的，与尤西弗罗困境毁灭性的力量结合起来的话，我就不得不得出结论说，宗教是人类的现象，而不是对超自然现实的反映。当论及道德的时候（因为道德，我们的生命获得极大的意义），我们还是要靠自己。这个结论表明的行动方针非常清楚：开始追求解答道德究竟是什么的问题，以及在构建道德的过程中，我们能诉诸什么样科学的与哲学的深刻见解。这恰恰也是我们这本书一直以来正在做的事情！因此，现在是时候从我们科学－哲学指导的探究中，得出一些普遍性的经验教训了。

结论
人类本性和生命的意义

人类是追求目标的动物。只有寻找目标和为目标所奋斗才有生命的意义。

——亚里士多德

关于有意义的人生的科学和哲学之旅，我们已经接近尾声。在这趟旅途中，我们学到了道德决策的神经学和约翰·罗尔斯的公平理论，检测了让我们坠入爱河的荷尔蒙，还讨论了友谊的伦理。但是我们还没检测过潜藏在整本书下的一个假设，那就是和亚里士多德在两千五百年前提出的一个同样的假设：人类本性中有一些很根本的东西，尽管人们各有各的方式，但无论抵达目标与否，我们所求相似。换句话说，这世上存在一种叫作人类本性的东西。

现在，人类本性这一概念，对于哲学家来说有多不受欢迎，对科学家来说就有多有趣。无论从误导性的方式还是有趣的方式看待这个问题，都是十分有益的。对于人类本性的研究，也许愚钝的科学灵感方法就是进化心理学家们提出来的。进化心理学是进化生物学的一个分支，它基于一个合理的假设，人类的一些行为特性拥有至少一个部分遗传基础，并且这些行为特性的一部分是被自然选择所塑造。就其本身而论，这个说法是没有什么争议的，但是在细节上就有问题了。一些进化心理学家倾向于对人类本性做出宽泛得夸张的言论，这些言论几乎都没有被事实所证实。让你们了解一下我所讲的，有一个来自于米勒（Alan S. Miller）和金泽（Satoshi Kanazawa）的样本，他俩在今日心理学中的文章被激进地称为"有关人类本性的十大政治不正确的事实"：

> 男性建立（或毁灭）文明是为了给女性留下深刻印象，好让她们答应自己。

> 所以，那些偏爱和金发女郎结合的男人其实是无意识地企图和更年轻的（也意味着普遍更健康和生育力更强的）女性结合。

> 穆斯林自杀性人体炸弹也许和伊斯兰教和《可兰经》并无关系……正如和其他所有事情从这个角度来看一样，可能和性有着很大关系，或者说，在这个例子中，和性的缺失有着很大关系。

从表面上看，第一个说法是十分可笑的。地球上的每种其他雄性动物不用非得设计出能上月亮的火箭，也能够想方设法成功引起雌性在性方面的兴趣。所以对于为什么我们人类会是个例外，并没有被解释得很清楚（或者说米勒和金泽是基于什么样的根据而得到那样一个奇异的结论）。米勒和金泽的第二个说法忽略了关于人类生物学上和文化上变化的几个事实，例如，许多文化在很多时候根本没有体验过欣赏金发碧眼女郎的乐趣，也没有任何明显的原因让他们认为金发碧眼就意味着年轻和生育能力强（对于为什么"绅士们更喜欢金发碧眼女郎"更恰当的生物学的解释，如果有必要解释的话，就是很多动物种类趋向于偏爱长相非凡的伴侣，只要它们健康就行。因为这样就可以让它们的后代出现更高基因多样化的概率增加）。至于在回教徒间流行的自杀式炸弹，米勒和金泽归因于对于实行一夫多妻制的包容（使得一些男性没有获得伴侣的机会），他们完全摒弃了两个显著的事实：首先，正如他们在没有考虑后果的情况下就明显地承认，世界上有很多其他的一夫多妻制文化没有参与自杀式炸弹袭击。其次，自杀式炸弹袭击是非常近期的一个现象，几十年前才为人所知，所以我们不太可能追溯到任何根深蒂固的生物倾向。

　　进化心理学就讲这么多，不过还有更多明智的方法去思考被合理的哲学洞察力以及可靠的科学证据所知晓的人类本性吗？的确还有一些。从哲学上来说，大卫·休谟在出版于 1739–1740 年的《人性论》中提出过一个有趣的观点。休谟曾卷入到在当时进行的关于"原旨主义"的两个学派之间的一场辩论之中。"原旨主义"认为人类本性是与生俱来的，并不会随时间而改变。由法兰西斯·哈奇森（Francis Hutcheson）和安东尼·阿什利·库伯（Anthony Ashley Cooper）代表的一支学派坚持认为人类天性仁慈，由此说明了我们的社会属性。伯纳德·曼德维尔（Bernard Mandeville）捍卫的另一学派则辩称人类的社会属性源于利己主义。休谟却十分明智，以很巧妙的方式表明了中间立场，这种方式预示了 21 世纪最好科学的最新发现。

　　迈克尔·吉尔（Michael Gill）对苏格兰哲学家的著作进行了颇有见地的分析，他指出，休谟的观点是人类本性有一个"原始根"

（今天我们会称为"生物基础"），实际上它很大程度上和利己主义相关联，并且在我们人类历史的早期，为最小的社会活动做了准备。但是，"社会"（我们会叫作"文化"）的建立有赖于这个基础，我们情真意切所关注的范围不断地扩大，从我们的直接亲属和邻居，到非常抽象的人类整体。就如同休谟说的："因此，自利乃创建正义的原始动机，不过针对公益的同理心乃参与其美德之道德认同之源。"这实际上等于是对人类本性的一个动态观（本质上有希望的！），从某种意义上它回应了亚里士多德的美德伦理学（第5章），以及他所说的美德是一个实践的问题这样一个论点。如果不是这样，你在本书中读到的一切就只是学术兴趣，它并不会帮你追求到终极幸福的生活。

那么科学上是怎么解释的呢？ 1953 年，詹姆斯·沃森（James Watson）和弗朗西斯·克里克（Francis Crick）在《自然》（*Nature*）杂志上发表了一篇论文，题为《脱氧核糖核酸（DNA）的结构》。这篇论文详细地介绍了他们如何发现了脱氧核糖核酸的结构，脱氧核糖核酸是地球上大部分生命有机体所使用的遗传分子。有些生命有机体使用的是一个不同但是类似的遗传分子，叫作核糖核酸（RNA）。脱氧核糖核酸的发现也是所谓的分子革命的开始，是一段对生命的化学基础有了频繁发现的时期。2003 年，随着一份完整的人类基因组计划草案的发表，分子革命在一片争议声中达到了高潮。这份斥资 3 亿美元起草于 1989 年的计划，预示着当我们真的能够仅凭阅读光盘就知道如何制造人类的时候，科学终将揭露人类本性的奥秘。毫无疑问，这也给各种疾病的治愈带来了无限前景，无论是治愈癌症还是抵抗衰老。

在 21 世纪第一个十年快结束的时候，大多数科学家对这件事情的态度开始有点清醒了，他们不仅在人类基因组巨大的复杂性面前谦卑下来，并且愈发意识到那些一开始就显而易见的事情：并不是所有东西都在我们的基因里，远非如此。不要误解我：生物学，特别是遗传学，是了解我们是谁的基础。由于基因的缘故，我们拥有很大的脑容量，而这又是进化过程的结果（虽然从新陈代谢的角度来说，我们对于为什么进化会喜欢人类大脑这种复杂得离谱的装置而感到困惑不已）。不过越来越清楚的是，成千上万年以来，对于人类进化和人性的塑造影响最重大的不是基因，而是文化（以及两者的互相作用，也就是所谓的共同进化）。

尽管如此，一旦人类和黑猩猩基因组计划完成，生物学家就会认为我们近乎得到了人类本性的生物基础：仅仅需要对两组基因组做出比较并鉴别它们的不同。从进化来看，黑猩猩是现存与人类最近的近亲（虽然黑猩猩和我们之间有着高达 400 万年的进化差距），我们应该能够精确地定位那使我们成为人类的基因。事实再一次地证明，一切没有那么快。研究人员发现，自从我们和黑猩猩祖先分开以来，一些数量少得惊人的蛋白质似乎经历了快速进化。其中一个例外是一种叫作 FOXP2 的蛋白质，它作用于人类语言。研究人员也发现了一些调控序列的差异，比如一个叫作 HAR1 的小核糖核酸（RNA）分子，虽然我们仅仅知道它显示在胎儿的大脑细胞中，我们并不知道实际上它做的是什么。

更引人注目的是，标志着人类进化的最清楚的一次基因变化的爆裂，比起我们从血统谱系分支出来而导致黑猩猩出现的时间还要更接近现代，爆裂大约只发生于三万到十万年前。从进化论的角度来说这是微不足道的，并且它显然是发生在和文化方面的进化有着紧密关联的一个时期（大概 3 万年前对应着语言的进化，10 万年前对应着农业的发明）。这就是为什么越来越多的科学家们认为，人的本性已经被文化定型，通过我们基因上的反馈回路起到作用的主要原因。最明显的例子是，基因的反复演化所产生的蛋白质允许了人类代谢乳糖，乳糖可在牛奶和糖类中被发现。一点也不凑巧地，这些突变有利于已经开始养牛的人口——一个极其明显的文化主导基因的例子。休谟会感到高兴的。

事实上，许多我们所学习到的有关于使我们生活有意义让我们自己幸福的观念并非来自分子或进化生物学，而是来自社会科学，尤其是心理学和社会学。在单纯追求快乐的幸福和作为一种充分幸福主义生活的快乐之间，现代心理学与亚里士多德做出了同样的区别。实证研究结果很清晰，全然不会让希腊哲学家感到一丝惊讶：为了消遣的缘故寻求快乐（心理学家所谓的"享乐水车"）并不会带领我们前往任何目的地，因为只要一项快乐被实现了，另一项又会出现在地平线上那一端。该探索永远不会结束，并且更重要的是永远不会真正地令人满足。当然，这并没有阻止现代美国社会从本质上变成一个由广告提供动力的庞大享乐水车，这助长了企业利润蒸蒸日上。不过也许这正是为什么在这个国家中，有这么多的人觉得生命不能令人满意，并转向影响情绪的药物（药物也遭大量广告推销，并生产大企业的利润）一个主要的原因。心理学家发现取而代之地，真正能满足人们的是终身的幸福，这只有通过寻求意义才会到来。

现代科学还发现，我们的情绪可以如同肌肉一般地被锻炼，以一个不会与亚里士多德的论点非常不同的方式看来，美德的关键在于练习。这样做有一些相当简单的方式，包括在一天结束的时候，花费一些时间在精神上回顾一下你已经完成的美好事物（这对凯撒明显有效）或者付出些"感激探访"，也就是说，花时间感谢（不一定要当面，既然我们已经身处电子时代）那些正面地影响你或者在其他方面为了你做了好事的人们。"正念"是找到生活意义的另一种方式，可以通过各种方式熟练，从冥想练习，到留心你做了什么，并反思为什么你这样做的锻炼（换句话说，思考哲学）。顺便说一下，所有这一切不仅会引导你生活在一个更快乐的人生中（好像这还不够似的！），也会使你更为长寿：研究人员发现，训练自己与正面情绪契合的人们，比那些纠缠于负面情绪的人们多出十年左右的寿命。在吸烟者和非吸烟者的寿命之间，我们也能发现相同的差异（这完全不意味着只要你对于吸烟积极地思考，我就会建议你开始吸烟啦）。

最近社会学家也已经蜂拥而入"幸福研究"，去看看什么东西让人们的生活更美好更有意义也许是有趣的和有用的。这些研究的有些结果丝毫不足为奇，但其余的结果会给予你一些意想不到的事物去好好深思。对许多美国人来说，虽然实际上它已经被众所周知了一段时间，可能会让人出乎意料的第一件事是，伴随着一些重要的注意事项下，财富和幸福之间的关系不大。举例来说，在社会层面上，美国国民生产总额（GDP）从 1978 年到 2008 年稳定地上升（准确地说，是由 2.3 万亿增加至 14.4 万亿美元）。然而，自我申报的幸福感测量在同一时期中，停留于大约相同或甚至降低的水平上。这就是为什么近年来，联合国已开始制作称为"人类发展指数"的统计数据，此指数是一个更全面的测量，其中不仅仅包括国民生产总额，同时也关注于健康和教育的数据。

这并不是说"你有钱也买不到幸福"，而只是说对于幸福，（一定数额的）钱本身是必要却还不足够的。世界各地的研究证实了，我们确实需要最低水平的收入和设备（如房屋和基本医疗服务）才能得到快乐，但超过最低水准之后，对于我们的快乐，财富数量迅速地变成一项糟糕的统计预测（如果你猜测我现在会说，"亚里士多德说过一样的话"，你猜对了，哲学家明确指出，相反于斯多葛学派在他们时代所说的，一个人确实需要一些生活中基本的舒适进以追求幸福主义，所以在一定程度上，幸福也维系于运气和环境之下）。

有趣的是，在美国的研究人员已经能够量化额外收入对于自我申报幸福的影响，其结果至少可以说是很有意思的。事实证明，比如说，每笔额外的＄1,000大致对应于增加了0.002幸福的社会科学指标。若要把这结果放入实际背景下解释，这意味着，如果你赚取了额外的＄100,000，你所增加的幸福感就会大约等同于分隔了已婚（比较快乐）与未婚（比较不快乐），或是就业（比较快乐）与失业（比较不快乐）人群相同分量的幸福感。然而我怀疑幸福感的涨幅是线性的，或者甚至实际上可以持续——比方说，如果一位年收入超过百万的某人设法在他的银行账户添加了另一笔＄100,000，我不会预期他将感到更为幸福。当然，人们必须对这些研究结果在一定程度上打点折扣，因为富裕的人们可能会觉得有点责任要显得更加幸福，尤其当财务富裕是他们气质和自我形象的重要组成部分时（我敢打赌往往是如此）。

在美国最近对幸福感的调查当中，研究人员所谓的"主观幸福感的统计结构"深具启发性，也就是统计看起来似乎会影响我们的幸福的因素。抱持着必要的怀疑态度来看看以下的例子吧，相关性并不一定意味着因果关系（虽然两者的确高度相关）：女人往往比男人更快乐；不出所料地，更富裕、更健康、受过更多教育的人们更为快乐；已婚人士比未婚人士更为快乐；（再一次地，在美国）白人比起其他族群更为快乐。

运动和水果膳食与幸福紧密联系在一起，而肥胖与主观幸福感呈现负相关关系。哦，在你的家庭里有了孩子，尽管毫无疑问会为你的生活增加了意义，对于你的快乐则有着令人惊讶的负面影响。此外，记得女人是来自金星，男人来自火星的无稽之谈吗？实际的研究表明，男性和女性的幸福感似乎被差不多相同的因素，以几乎相同的方式所影响。看来，我们毕竟是来自同一个星球的。

当我们比较世界各地的主观幸福感，会发生什么呢？事实证明，最幸福的国家分别是爱尔兰、瑞士、墨西哥、美国、英国、新西兰、丹麦、瑞典、芬兰、挪威、卢森堡和荷兰（注意一下欧洲国家不成比例的数量，尤其是北欧的那些国家）。世界上最不快乐的地方包括俄罗斯、保加利亚、拉脱维亚、克罗地亚、匈牙利、马其顿（实质上全部都在东欧）。最有趣的部分，却是要找出最快乐的地方与个人幸福的指标方面具备什么共同点。再一次地，该列表完全不甚令人惊讶，不过还是看看吧：低失业率和低通货膨胀，低度的不平等，强大的福利国家，高度的公共支出，低污染，高层次的民主参与，朋友之间强有力的网络联系。换句话说，恰恰是在和约翰·罗尔斯的正义国度最为近似的国家之中，人民最为幸福（第15章）。

从这些研究中，我发现最有趣的结果之一是，年龄和生活满意度以一套由U形函数描述最为贴切的复杂方式相互关联着。在美国，你很可能在大约40岁时感到最不开心。尽管在欧洲，相同的曲线大约在54岁触探底部。因此，很多人（尤其是男性，在其他条件相同下他们往往比女人还要不快乐）经历了传说中的"中年危机"。这里令人惊叹的是，然后生活满意度会保持一路攀升的态势，直到一个人 80 多岁后期，如果他足够幸运地活了那么久的话。我知道关于亚里士多德，你也许会感到有些听腻了，不过他的确讲过，幸福主义是一项毕生的工程，其结果仅可以在一个人去世之后才能被盖棺论定

这把我带到我们意义和生命之探索的最后一个话题：年龄与智慧之间的关系。尽管取得智慧自然是西方和东方古代哲学的全部意义（不论人们把它叫作"幸福主义"或"顿悟"），现今智慧是一个相当老式的专门词汇。智慧无法与事实性知识画上等号，更不能与任何特定领域的应用性技术知识相提并论。事实上，许多年老长者，尤其是在如今科技快速进步的时代，通常比起聪明的年轻孩子们关于一些领域知道的要少得多。不过没有人会认为很可能一名 17 岁的电脑高手，比起已经居住在这个星球上几十年的老人更有智慧。这是因为智慧必须与处理人类社会情况的经验型知识挂钩，一种只能来自于经验的知识类型。而贯穿这本书的一直主要是连接经验与其内涵的哲学反思，以及现代科学能够提供的最佳信息，达成智能地浏览我们存在的一种最有力的方式。

哥伦比亚大学的维维安·克莱顿（Vivian Clayton）早在 20 世纪 70 年代开始，就针对智慧进行了大量的研究。当时她可能是第一个表明该主题可以经得起科学调查的研究员。据她介绍，智慧可以被认为具备三块基本组成部分：知识的获取（认知功能），知识的分析（反思功能），并透过情感，进行知识的过滤（情感功能）。换句话说，要想拥有智能，一个人需要知道一些事情，思考那些事情，并通过他的情绪反应来校准那些知识。

随后的研究表明，老年和明智的人们（两者不具备自动关联）往往倾向于从他们的负面经验中学习，他们能够区分采取某种行动

十分合理的情况，与因为没有可行的替代方案基本上需要被动接受
的情况。他们比起较年少和较不明智的人们，更能够专注于感情上
有意义的目标，以神经学来说，他们运用他们的前额叶皮层（大脑
的执行功能），来对他们的杏仁核（情绪反应的大脑中枢）实施控
制；他们最终会在正面情绪上花费更多的时间，并且避免了负面情
绪。哲学家和心理学家威廉·詹姆斯大概在明白了类似上述的时刻
说出了"智慧的艺术就是懂得该忽略什么的艺术"这句话。

至此，我们接近了旅途的尾声，旅途中我们已使用了关于世
界如何运作，以及如何找到在世上属于我们的地方到目前为止科
学和哲学所能够告诉我们最好的事物。一路走来，我们已见识到
大概没有神灵存在，即使有神灵存在，他们既无法告诉我们如何
遵循道德，也不能赋予我们生命的意义。我们已见识到了爱情和
友谊的生物性基础，对于我们的生存至关重要，并且是哲学挑战
一个恒定的根源。我们已经讨论了进化的基础和道德的神经生物
学支柱，两者皆无法替我们找借口不去认真思考对于我们作为个
体去做什么事情是正确的，以及我们想要一个什么样的社会，还
有为什么。我们已学习到了意志力，还有实际上我们有意识地掌
控我们生命的全部能力——哲学反思成立于其之上的意识——要
比以前所认为的有限得多。我们已见识到，即使是科学本身，仍
受到有关于知识和确定性的限制。

后面两点尤其对科学 – 哲学的整体思路提出了一项潜在的严重
异议。一方面，我们不可否认科学知识永远是临时性的这一事实，
这意味着，某些，甚至可能大部分你在这本书里读到的具体科学主
张，也许一年或十年之后便过时了。在另一方面，我们已经看到，
关于我们一直考虑的问题种类，哲学家们无法一致同意要思考什么，

这意味着，没有既定的哲学真理可以用作我们对生命意义反思的基石，对比不确定性之双重来源与跨越上百年甚至上千年的宗教或神秘教义下明显的稳定性。当我住在田纳西州诺克斯维尔市时，当地的传道人十分恼火于我关于进化论的著作和讲座，并给当地报纸的编辑撰写了一封愤怒的信函。在信中，沮丧的传道人大声地怀疑，为什么有些人宁愿相信持续变化，附带恒常不确定性的科学，而不愿信服包含于圣经中稳如磐石的确定性。这个问题问得好，而我们需要解决它。

当然首先，圣经就像任何其他宗教的文本需要诠释，而诠释则显而易见地随着文化环境变化。相反于某些宗教原教旨主义者所陈述的观点，如同教派之间，对于特定圣经段落之中实际上意义的长期分歧所显示，单纯地直接由字面上理解经文不是非常合适。此外，圣经中有着很多在众目睽睽下，任何人皆能阅读的教义，例如，杀死不敬父母的儿童的强制令（在《出埃及记》第 21 章第 17 节、《马太福音》第 15 章第 4 节，还有其他地方均能发现），不过大多数人简单地将其视为一段较为野蛮时期的遗迹，并忽略这些教义。

我们也需要考虑到，接受任何宗教文本的权威完全没有理性的原因可言。不仅因为神灵绝无可能是道德的最终来源；不仅因为任何理性的人一开始都有很好的理由去怀疑超自然之存在；而且更重要的是，任何如此之权威都必须经由人类代理人（牧师、传道士、犹太拉比、教长、宗师等）中介传播，而这样的中介则看似无可救药地主观，并且比起哲学家的推理或科学家的初步结论，释放了更多更多的怀疑。至少一个人可以在逻辑的基础上论证前者，并依据经验证据来质疑后者。

不过科学 – 哲学的暂时性并不致命还有一个更根本的原因：暂

时性远远地不应该被视为科学方法的问题，实际上暂时性反而是其主要优点。我们需要在我们脑海中思考着以下事实，作为人类，在我们理性和针对世界万物探索的能力上，我们天生就受到限制。这些限制不会给予我们任意"超越"理性和证据的许可证，并进入宗教和神秘主义之中。恰恰相反，这些限制提醒我们，没有人拥有最终的答案，而这漫长的寻求向所有愿意明智地运用自己大脑的人们开放。我们的限制也给予我们一个理由，以轻松的心情看待并非完全正确的生命体验，面对人生中这里和那里的挫折，因为那是人类必然经历的事情。这就是为什么幸福主义的一生，一路直到我们死亡的瞬间，总是一项不完美和不完整的工程。但幸福主义是迄今为止我们最重要的项目，而装备上科学–哲学比起简单的常识、政治意识形态或宗教神秘主义能够远远更好地帮助我们一路前进。我们是社会化和（一定程度）理性的动物，而且我们可以反思，如何利用我们的理性，来改善我们的生活与社会。这看起来似乎是件有意义并值得去做的事情啊。